U0037662

拾筆客

拾筆客

TTENTION
LEASE！

言×科學×真相

有聽過的塑身小撇步,絕對不知道的健康大黑幕!

# 危言聳聽，身體請注意！


果殼網 Guokr.com——著

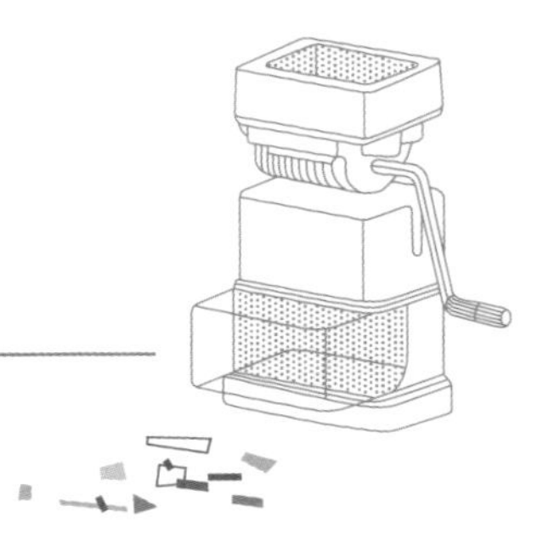

# 序言
## 人人有台粉碎機

謠，用《爾雅》中的解釋就是「徒歌」，隨口唱唱的，所以古人常常謠諺並稱。後來，這種「口頭文學」被用來製作預言，也就是所謂的讖謠。再後來，謠又長出了各種枝蔓，收進各種上下左右、前後古今的離奇故事。隨口唱唱的變成隨口說說的。謠諺就成了謠言。

科技領域是謠言的重災區。這並不難理解，正如亞瑟·克拉克爵士（Sir Arthur Clarke）所說，任何足夠先進的科技，都和魔法難辨差異。既然是巫魔一路，自然也就有了被叉上火刑架的資格，使人避之唯恐不及。然而，科技這東西在日常生活中又不是想避就能避得了的。無論願不願意，它已經而且會繼續改變我們的生活——只不過，科學話語的專業性、奇怪的創作衝動、復古思潮的影響、由不信任引發的陰謀論以及逐利的商業動機隨時都可能給我們平淡無奇的科學生活帶來波瀾。從這個意義上說，做科學傳播就是不停地與那些科學謠言做鬥爭：食物相克、養生產業、食品安全、外星文化……

其時，正當果殼網草創。以喚起大眾對科技的興趣為主旨，以科技已經且必將繼續改變每個人生活為信念，我們建立了「謠言粉碎機」這個主題站，期望能以最直接的方式，介入公眾最渴求、最希望得到解釋的內容。

多年以來，中文網路世界的資訊洪流一直都脫不了「泥沙俱下」的評價。如何在這個局面下生產優質的、足以讓讀者信賴的內容，自然就成了果殼網及謠言粉碎機的主題核心。

此前，在面對專業領域的疑惑時，大眾媒介習慣於通過對專家的採訪來梳理、解答專業問題。這個做法快捷、直接，對大眾媒體來說或許是恰當的。不過，專家的答覆很有可能會受到研究領域、答覆準備等條件的限制，大眾媒體在信源選擇、內容剪裁方面也很有可能出現誤差，所以，在實際操作過程中往往會出現疏漏，造成烏龍報導、瑕疵報導。「專家變成磚家」的結果，與此類報導關係密切。

1. 科技話語的專業性使大眾媒介和一般讀者很難確切把握其中的微妙之處，再加上大眾媒體在製造新聞興奮點的時候，又常因為種種原因，有意無意地歪曲、掩蓋、模糊一部分事實，造成誤會。同時，由於媒體在新聞技巧上的疏漏，比如使用不當信源，對內容給予不當解讀甚至誤報，也會成為泛科技謠言的源頭。

2. 奇怪的創作衝動，說的是一種名為「釣魚」的行為。造作者故意撰寫包含偽術語、偽理論，但又符合一些人內在期許的文章，誘使後者轉載、援引，起到嘲弄的效果。著名的《高鐵：悄悄打開的潘朵拉盒子》一文即是「釣魚」的典範，在溫州動車事故之後，它甚至被誤引入公開報導。一些典型的搞笑新聞，比如《洋蔥新聞》、《世界新聞週刊》的內容，也曾經被媒體、網友誤作真實資訊引用。此外，一些科技媒體的愚人節報導，《新科學家》就曾遭遇此種情況。

3. 復古思潮的影響讓人們更傾向于信任傳統的觀念與方法，而排斥新的或者自己不熟悉、沒有聽說過的方法。特別是當傳統的觀念和方法對實際生活的並不產生惡性影響，或者成本很低時，人們尤其傾向於保守態度——各種「食物禁忌」即屬此列。

4. 由不信任引發的陰謀論，最典型的案例是各種災難傳聞以及與外星人、UFO有關的流言。在此類話題面前，很多人將官方、半官方機構視為「資訊隱藏者」，將科學報導者視為其同謀。在自然災害之後，陰謀論橫行的情況通常都會加劇。

5. 逐利的商業動機造就泛科技謠言的案例，最著名的是發生在1980年代的一個案例。當時有謠言稱，美國一家著名日化公司的圓形老人頭像商標是魔鬼的標識。這個謠言給該公司造成了嚴重的負面影響。事後的調查發現，謠言的源頭來自另一家公司的產品銷售商——相關的訴訟一直到2007年才終於塵埃落定。

泛科技謠言的成因如此多樣，所涉及的專業知識也面廣量大，乍看之下或許確實會讓人產生目迷五色的無力感。不過，其實利用一些恰當的資源、方法，對相關資訊進行簡單檢索、分辨，一樣可以對流言的真偽略有心得，雖不中亦不遠。

## 危言聳聽，身體請注意

我們曾經如此描述「謠言粉碎機」的工作流程：果殼網的工作人員不厭其煩地將分析流言的全過程盡可能完備地記錄下來，甚至讓急於瞭解「最終結論」的讀者看起來覺得有些冗長，在文章的篇末，我們也總是盡可能開列上相關的「參考文獻」。這麼做的原因只有一個——為不瞭解探索過程的讀者提供一種線索，使之逐漸熟悉自行探索的工具和方法，最終實現「人人有台謠言粉碎機」的願景。

道路看起來很漫長，但幸好它就在腳下。

果殼網主編
徐來

# 目錄 Contents

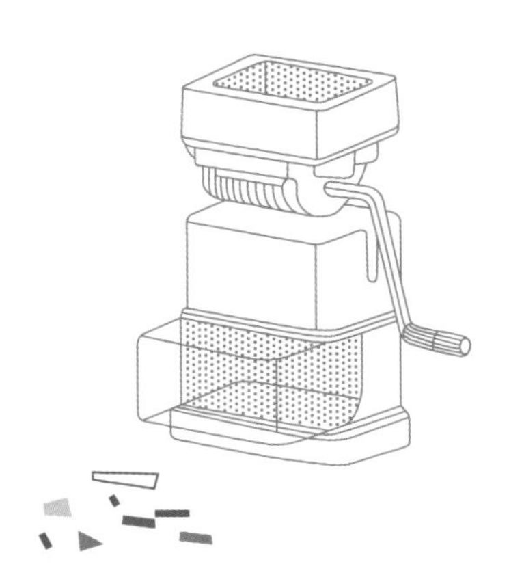

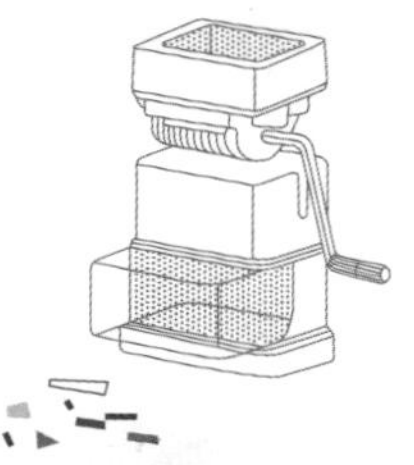

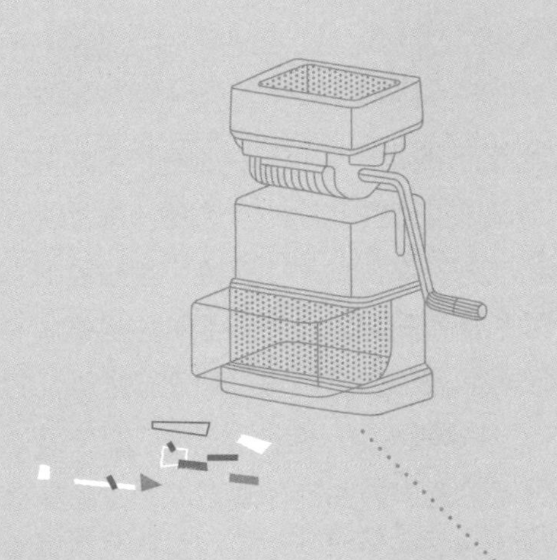

# 1

# 第一章 / 面子問題很重要

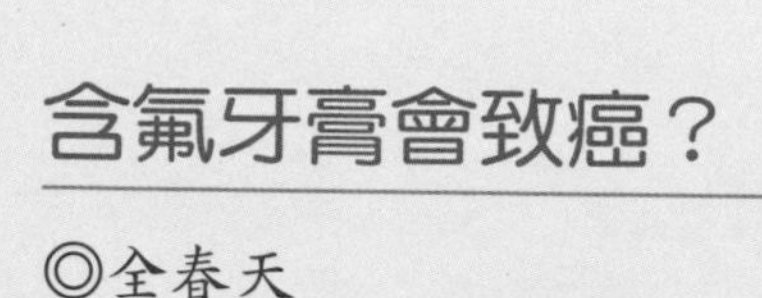

# 含氟牙膏會致癌？

◎全春天

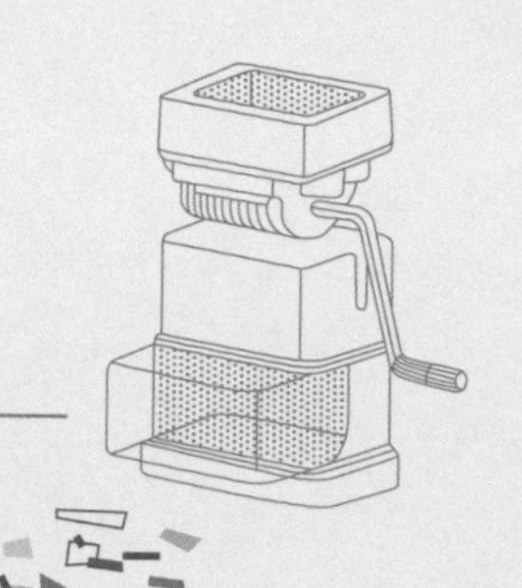

## Q

含氟牙膏會致癌，某個牌子的含氟牙膏狂打折也賣不出去，含氟量高的水質會造成牙齒發黃……

「含氟牙膏致癌」的說法可能是對「氟化物致癌」的誤解和以訛傳訛。

2008年，《南方週末》轉載了《科學美國人》（Scientific American）上的一篇文章，並以「危險的含氟牙膏」為題[1]。但這篇文章並不是在講含氟牙膏的危害，而是在討論氟化物攝取過量的問題，這與美國不少地方的飲用水中添加氟的背景有關。其中，氟攝取過量引發「神經疾病、內分泌疾病甚至癌症」的內容是存在爭議的，但此後的傳媒，隻字不提過量，以訛傳訛的變成了「含氟牙膏致癌」。

2011年10月，美國加州致癌物鑒定委員會公佈了一份題為「氟化物及其鹽類致癌性的證據」的檔，該檔對目前關於氟化物及其鹽類致癌性研究的論文進行分析，認為不能得出氟化物致癌的結論[2]。該委員會最終也沒有將氟化物加入致癌物名單[3]。

其實，早在1977年就有人提出腫瘤死亡率與飲水中的氟化物有關，世界衛生組織對此給予了極大關注；此後各國進行了大量流行病學研究，多數結果表明癌症與飲水中的氟化物之間無內在聯繫；中國關於飲水中的氟含量與癌症發病率或死亡率的關係也有許多報導，也未發現存在相關性；動物實驗的研究也尚未能提供有力證據說明氟與腫瘤發生的關係[4]。

因此，至今仍沒有確鑿的證據表明氟化物可以致癌，「含氟牙膏致癌」的說法則純屬爭議性問題的以訛傳訛。

## 牙膏為何要含氟？

當然是為了防蛀牙囉！

齲病，俗稱蛀牙，是牙體硬組織脫鈣與再鈣化的動態平衡被打破的結果。脫鈣，就是牙齒中的礦物質溶解、流失；而再鈣化，就是溶解的礦物鹽重新在牙齒上沉積。氟化物可使再鈣化作用大於脫鈣作用，阻止齲病的發展。

刷牙時，含氟牙膏中的氟釋放出來，與膏體中的鈣磷等礦物鹽形成含氟礦化系統[5]，一方面氟離子可以替換牙齒組織礦物鹽中的羥基，形成含氟礦物鹽，增強牙齒抗齲能力；另一方面氟化物可以促進牙齒表面礦物質的沉積，使早期齲齒再鈣化，修復琺瑯質。由於牙齒在整個齲壞過程中都會發生脫鈣，因此推薦多次、局部使用氟化物。而在牙膏中添加氟化物，可以很好地滿足局部、多次使用的條件，是有效維持口腔內適宜氟濃度的首選。

目前，市面上大多數牙膏都含氟化物，而且所有美國牙醫學會認可的牙膏都含有氟化物[6]。一般牙醫師也認為使用含氟牙膏刷牙是安全、有效的防齲措施，提倡使用含氟牙膏預防齲病，特別適合於有患齲傾向的兒童和老年人使用。

## 含氟牙膏，安全有效

就如同鹽吃多了也會中毒一樣，任何物質都可能因為攝取過量引起中毒，含氟牙膏也不例外。但是只要正常使用，含氟牙膏是安全的。

一個體重為60公斤的成人，建議的每日氟攝取量應低於4.2毫克[5]。成人牙膏的氟濃度一般為1000~1500毫克/公斤 [5]，如果使用一克的含氟牙膏（約一公分長的膏體），每天刷牙兩次，氟總量只有二到三毫克。刷牙後吐掉牙膏，已經吐掉了大部分的氟，剩下吞咽到體內的氟只是很少的一部分，不會對人體產生傷害。

對於兒童，特別是六歲以下的兒童，由於吞咽反射比較差，容易在刷牙時吞入牙膏，要注意防止氟攝取過量。一方面，兒童應該使用含氟量更少的兒童牙膏（含氟濃度一般為250~500毫克/公斤[5]），並且不要超過每天兩次，每次的用量也不要超過一顆豌豆的大小；另一方面，家長要監督孩子刷牙，鼓勵他們吐出牙膏，不要吞咽。偶爾發生的吞入不用過於擔心，因為即使是使用含氟1500毫克/公斤的牙膏，一歲兒童也要一次服下33克才會達到可能中毒量[4]。美國疾病控制與預防中心也建議，在幼兒滿兩歲後，才開始使用含氟牙膏[7]。

## 含氟牙膏，並非人人適用

《中國居民口腔健康指南》提出，氟化物的推廣應用適合於在低氟地區、適氟地區以及在齲病高發地區的高危人群中進行。但高氟地區的人是不適合使用含氟牙膏的。

在中國的某些區域，例如潮汕地區、山西多煤礦的地區，地下水本身含有較高的氟，當地居民飲用這些未經降氟處理的水，長期過量攝取氟，造成慢性中毒。輕度中毒會引起氟斑牙，極少數重度中毒的人會導致氟骨症。氟斑牙患者的牙面會出現白堊色斑點，甚至點狀凹坑，由於牙本質暴露和著色而變成黃褐色。流言提到的「含氟量高的水質會造成牙齒發黃」，其實就是說攝取過量的氟會引起氟斑牙。這些地區的人不應該再使用含氟牙膏。由於中國高氟地區分佈非常散落，在此就不一一詳述，讀者可以向當地的牙醫或者疾病防治中心瞭解當地的氟水準。

說句題外話，如今已經有相關措施降低高氟地區居民飲水的氟濃度，高氟區人群氟斑牙的發病率已有所下降。

謠言粉碎。

含氟牙膏不致癌。「含氟量高的水質會造成牙齒發黃」其實說的是長期攝取過量的氟引起的氟斑牙。含氟牙膏防齲功不可沒，正常使用安全無害，不過在高氟飲水區不應該使用含氟牙膏。

## 參|考|資|料


[1] Dan Fagin. Second Thoughts on Fluoride. Scientific American. 2008.

[2] David W. Morry. Evidence on the carcinogenicity of Fluoride and its Salts. Carcinogen Identification Committee. 2011.

[3] ADA news: Fluoride stays off California' s Proposition 65 carcinogen list.

[4] (1, 2)郭媛珠、淩均棨、陳成章，氟與口腔醫學，科學技術文獻出版社，2000。

[5] (1, 2, 3)蔡越、馮希平，含氟牙膏再鈣化作用的影響因素，廣東牙病防治，2011。

[6] ADA. Toothpaste.

[7] CDC. Community Water Fluoridation: Questions and Answers.

# 警惕美白牙齒「小妙招」

◎dodo兔

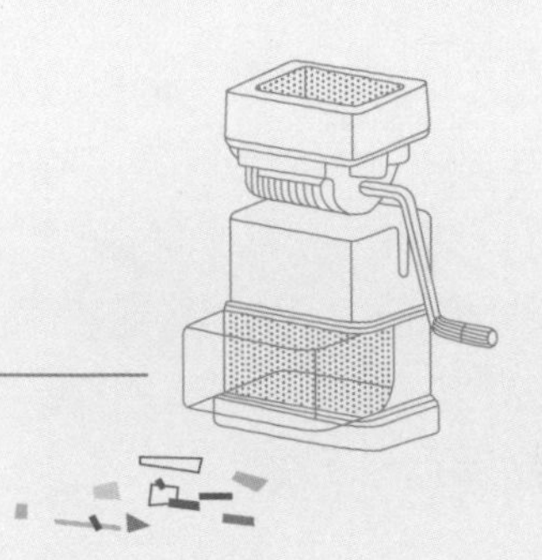

Q

【教你六招快速美白牙齒】

1. 醋含在嘴裡一到三分鐘後吐掉，刷牙

2. 橘子皮曬乾，磨成粉，和牙膏共用

3. 刷牙時往牙刷上放點酵母粉

4. 刷完牙後，蘸檸檬汁擦每一顆牙齒

5. 生花生嚼碎，當牙膏用

6. 花枝的骨頭碾碎放在牙刷上當牙膏使用

# 危言聳聽，身體請注意

相信很多人都有牙齒不夠白的煩惱。而像上述流言的這種「小妙招」恰恰迎合了大家的需要：簡單易行，說不定還很有效！但，這些方法是不是真的有效，甚至安全呢？其實在實踐之前必須瞭解清楚，看似普通的方法其實可能暗藏兇險。

## 含醋？當心酸蝕症

含醋以後再刷牙的做法是非常錯誤和危險的。幼稚園的小朋友都做過這樣的實驗：把雞蛋放在醋裡一晚，第二天早上就會發現雞蛋殼變軟溶化了。醋對牙齒也是如此，裡面的醋酸能使牙齒表層溶解，如果接著再刷牙，牙齒表層的琺瑯質就會被去除。雖然牙齒的確能看起來白一些，但是付出的代價就是牙齒越來越薄越來越小。而且這種牙齒的表面在顯微鏡下看是極其不規則的，很容易沉積其他的色素。也就是說，使用這種方法的幾天內，您的牙齒可能會看上去白一些，但是長時間來看，反而更容易變黃變黑。醫學上有種「酸蝕症」，就是因為胃酸逆流到口腔中，造成牙齒酸蝕，有機會請去瞧瞧酸蝕症患者的牙齒，會對這種做法造成的嚴重後果有更直觀的感受。

至於用檸檬汁擦牙齒的做法也是一樣，檸檬汁裡的檸檬酸是一種有機酸，同樣會腐蝕牙齒表面，損壞琺瑯質。

我們不但不應該用醋和檸檬汁來美白牙齒，在平時吃過酸性的食物和飲料，比如酸味蜜餞、話梅、果汁、碳酸飲料如可樂以後，也應該立即用水漱口，減少酸性物質在牙齒上的附著。切記：不可立即刷牙。因為此時牙齒在酸的作用下硬度大大下降，馬上刷牙很容易造成琺瑯質磨損，從而引起牙齒敏感、牙缺損。正確的做法是，最好在吃喝後過大約半小時再刷牙。

## 摩擦美白？其實你一直都在這麼做

乾橘子皮粉、酵母粉、花生碎、花枝的骨頭粉……這些不辭辛勞的努力其實你一直都在做。一天三餐不管吃什麼，咀嚼食物的同時就使得食物不斷地摩擦牙齒，起到一定程度的清潔作用。當然那些容易黏在牙齒上的食物或是容易導致蛀牙的糖果不在此列。如果有咬合不正的症狀，或者習慣只用一側牙齒咀嚼，往往可以發現閒置的牙齒表面不如正常使用的牙齒潔淨，就是因為沒有食物摩擦的後果。此外，牙膏的主要成分也是摩擦劑，只是這些顆粒比食物碎屑更細小，因此能清潔到更細小的牙齒間隙。牙膏中的摩擦劑都是經過大量臨床實驗證實，不僅不會損傷琺瑯質，而且能增加牙齒的光亮度，是比較安全有效的潔齒方法。需要強調的是，通過摩擦來美白牙齒，對於牙齒表面的著色有一定效果，但對改變牙齒本身的色澤是無能為力的。

## 我們的口號是：美白牙齒要科學！

牙齒的著色主要分為外源性著色和內源性著色。根據著色的不同以及嚴重程度，專業牙科醫生會採用不同的方法來處理。

1. **拋光：**外源性著色包括茶垢、煙垢、牙結石等。這些都可以到醫院洗牙、拋光來去除，從而還原牙齒本身的顏色。通常的食物摩擦和刷牙只能清除淺表的細菌和附著不牢固的著色，所以定期洗牙和拋光幫助清理日常清潔忽視的部位還是很有必要的。目前健保署有規定，13歲以上的民眾每半年可接受一次洗牙服務。

2. **漂白**：內源性著色的原因可能出於年齡增長、四環素沉積、氟斑牙等，主要是牙本質或琺瑯質顏色改變造成的，需要通過化學漂白劑來去除。化學漂白劑能夠滲透琺瑯質和牙本質，氧化牙齒內部沉積的色素顆粒，將其轉化為無色的物質。醫院內還有些專門的儀器，例如冷光、鐳射等，都能輔助漂白劑發揮作用，使之更快速集中地破壞色素分子，達到美白目的。

3. **修復（遮蓋）**：對於嚴重四環素著色或者氟斑牙患者，則需要借助專業貼片或者烤瓷牙冠來完成。貼片是將變色牙齒的一個面磨除（一般是前牙的外側面），再在上面黏貼一層樹脂或全瓷的薄片，遮蓋變色區域，形成自然又潔白的牙齒表層。而對於嚴重變色伴有缺損的牙齒，因為需要遮蓋的區域更大，就必須用整個人工牙冠完全罩住原來的牙齒。

## 牙齒美白產品有效嗎？

目前，超市內的美白牙貼和美白凝膠，以及號稱有美白牙齒作用的牙膏，都是含有化學漂白劑成分的產品，對內源性著色有一定的作用，但也有其局限性。第一，各個品牌的牙美白產品品質參差不齊，在選擇時最好選擇有品質保證的品牌。第二，每個人都存在體質差異，牙齒也一樣。有的人有可能會出現在使用了牙美白產品後，牙齒顏色仍然沒有明顯變化的情況。第三，使用牙美白產品可能有不良反應，比如牙齒酸痛敏感等。遇到牙齒問題，最好還是諮詢專業醫生。

A

謠言粉碎。

民間偏方是無窮無盡的，但這些看上去簡單的做法其實效果並不好，有的甚至會危害牙齒健康，如果冒然嘗試是有風險的。想有效美白牙齒又減少傷害，最安全的方法還是找專業醫生諮詢喔！

# 洗護二合一，頭髮不糾結

◎桃之

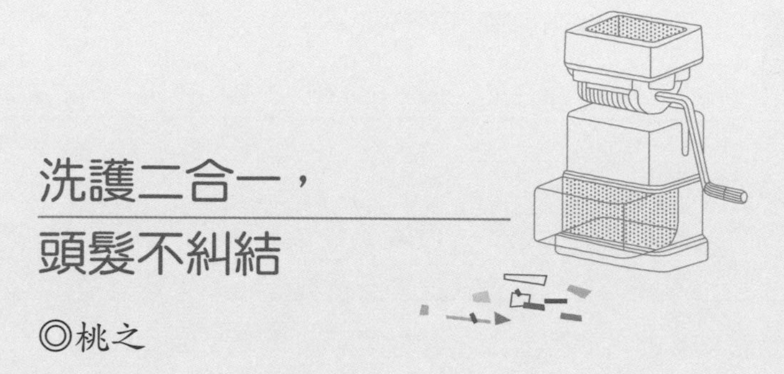

洗髮時，洗髮水把毛鱗片徹底打開，便於洗去污垢、徹底清潔髮絲；而護髮素則在清潔後關閉、收緊毛鱗片，防止頭髮受損。

上面這段話看似有道理，其實很值得推敲，如果這樣的話，二合一的洗髮水又叫你毛鱗片打開，又叫你毛鱗片收攏，那頭髮不就要陷入糾結瘋掉了！

頭髮的美感，很大程度上取決於毛鱗片的健康程度。什麼是毛鱗片？這得從頭髮的結構說起。

## 毛鱗片不是你想關就能關的

頭髮的最外層是毛小皮，也就是俗稱的「毛鱗片」。這是七到十層已死亡的細胞[1]，如魚鱗般覆蓋在頭髮表面。健康的毛小皮完整、服帖，因此頭髮表面很平滑。照射到頭髮上的光線中，許多光束發生了鏡面反射，使秀髮看起來「光澤亮麗」。而如果毛小皮翹起、破損甚至缺失，那麼粗糙的表面將光線漫反射出去，頭髮自然就沒有光澤。

毛小皮之下才是頭髮的真正主體——毛皮質。佔到頭髮總重量的90%以上，主要由角蛋白組成[2]。頭髮的顏色、曲直等各種秘密都藏在毛皮質裡。頭髮中央則是毛髓質，對頭髮特性的影響就很小了[3]。

瞭解頭髮的結構後就不難理解，為什麼文章開頭的流言會如此重視毛小皮了。問題是，流言中說的「毛小皮會被洗髮水打開又被護髮素關上」，究竟是否正確呢？

果殼網編輯在第22屆世界皮膚科大會（WCD）上，採訪到了美國加利福尼亞大學三藩市分校的生化免疫學博士卡索農（Jasmine Karsono）和美國辛辛那提大學分析化學博士湯瑪斯（Jeni Thomas）。兩位專家都反覆強調說，毛小皮並不像電燈的開關，可以讓你說開就開、說關就關。毛小皮一旦受損翹起，很難再回復初生時的健康閉合狀態。

洗髮對頭髮的傷害並不是由於洗髮劑、水或溫度使毛小皮張開而造成的。毛皮質的主要成分是角蛋白。它們愛吸水，易膨脹[2][4][5]。洗髮時，髮絲膨脹，變大變軟，平時附著在毛小皮上起潤滑保護作用的油脂也都被洗去了，當它們被揉來搓去時，髮絲間的摩擦增大，毛小皮就容易張開、翹起、繼而受損。另外，染髮、燙髮時使用的強氧化劑、高溫等，也會讓毛小皮產生嚴重的張開、翹起。

而洗髮水中添加的護髮成分，並不能使毛小皮閉合，也就不會引起毛小皮「糾結」乃至「瘋掉」了。

## 讓我永遠保護你，從此不必再流浪尋找

護髮素既然不能提供讓毛小皮閉合的外力，那它到底有什麼作用呢？首先，護髮素填補毛小皮張開的空隙處，進而在整個頭髮表面形成一層潤滑層，減少髮絲之間的摩擦，讓它們不要相互傷害。就好像給髮絲打蠟一樣。無論是風吹日曬、梳理吹乾、燙髮染色……哪種原因引起的毛小皮張開而受損，護髮素都能提供這樣的潤滑、保護作用，是名副其實的「萬金油」。

如果你既用過二合一洗髮水，也單獨使用過護髮素，那麼對護髮素的作用一定體會得更深一單獨使用護髮素為頭髮帶來的順滑效果更明顯。這與不同洗護產品中的護髮成分配方及含量有關。當然，二合一洗髮水也有自己的優勢：它在洗髮過程中，可以在一開始就給頭髮塗上保護層，其中的護髮素成分往往還包含某些控制髮絲膨脹的化合物，可以減小摩擦。事實上，目前市面上即便是未標明「二合一」的洗髮水中也都添加了如鯨蠟醇、硬脂醇等具有潤滑、保護作用的成分，已經幾乎不存在絕對意義上的單一洗髮水。當然了，如果能在使用洗護二合一洗髮水後再追加使用普通護髮素，保護效果會更好。

雖然頭髮「不怕洗」，但千萬不要覺得毛小皮就是銅牆鐵壁了。頭髮也有「年齡」。平均而言，健康的頭髮每月生長1公分左右。以60公分的頭髮來算，如果說髮根部是新生的嬰兒，髮梢部就算五歲「高齡」了。在這五年中，風吹日曬、梳洗吹乾，更何況又染又燙。想永保青春的美女們，也一定要注意留住髮梢的年華啊！

謠言粉碎。

洗髮時，洗髮水並不能打開毛鱗片。但髮絲遇水膨脹，摩擦增大，使毛鱗片更易受損。護髮素的原理是覆蓋在髮絲上，起潤滑、保護作用。因此，二合一的洗髮水並不會導致毛鱗片錯亂，反而能保護頭髮。但從市面現有產品的配方來看，二合一洗髮水再加護髮素的組合是最保險的。

## 參|考|資|料

[1] Leszek J. Wolfram, Martin K. O. Lindemann. Some Observations on the hair cuticle, J Soc Cosmet Chem. 1971.

[2] (1, 2) Clarence R. Robbins. Chemical and physical behavior of human hair. 2002.

[3] Rira C C. Wanger Pedro K. Kiyohara Marina Silveira Ines Joekes.Electron microscopic observations of human hair medulla. Journal of Microscopy. 2007.

[4] 盛友漁、楊勤萍、石建高、徐峰、任永濤、慕彰磊，漢族青年頭髮物理化學特性的初步研究，中國臨床醫學，2008。

[5] Powers D H, Barnett. G J. A study of swelling of hair in thioglycolate solutions and its Reswelling. J Soc Cosmet Chem. 1953.

# 小蘇打不能清除小黑頭

◎Firsilence

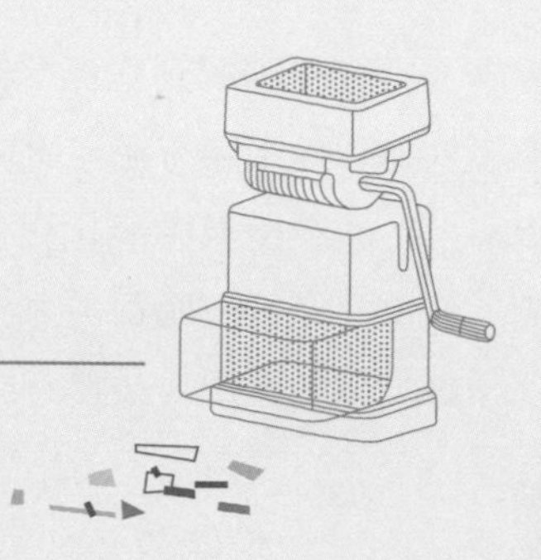

Q

「五分錢＋十分鐘＝黑頭清光光！不破壞真皮層，不傷毛孔，不擴張毛孔！男女均可用哦。」

這麼有煽動力的不是廣告詞，而是網上廣為流傳的用小蘇打去黑頭粉刺的小妙招。按流言說，只需要少量小蘇打粉按照大約1：10的比例溶於水，用化妝棉或者棉球沾濕敷在鼻子上，十分鐘後黑頭就都浮出來了。500克一袋的小蘇打售價不到50元，至少能用100次，每次成本才0.5元，比妙鼻貼什麼的經濟多了。

大家都討厭黑頭，到底什麼是黑頭呢？其實黑頭是一種開放性粉刺，是因為皮脂腺分泌了太多的皮脂，結果積聚在導管裡，堵塞變硬，然後在空氣中氧化變黑形成的。如果你是皮膚頭髮愛出油的人，也許覺得皮脂很討厭，但其實它有滋潤皮膚、防止皮膚水分蒸發的保濕作用。皮脂呈弱酸性，還可以抑制和殺滅皮膚表面的細菌，所以實在是不能缺少的。

小蘇打的成分是碳酸氫鈉，常用作食品的膨鬆劑成分，水溶液呈弱鹼性，它溶於水後同膨鬆劑中的弱酸反應會產生二氧化碳，我們吃的饅頭、餅乾、蛋糕等食品充滿小氣泡，變得鬆脆或者綿軟，都有它的功勞。它怎麼就和黑頭扯上關係了呢？

## 小蘇打無法去黑頭

網上對於小蘇打去黑頭的解釋中，有一條是「黑頭本身呈酸性。小蘇打是鹼性的，酸鹼之中和以後，黑頭溶解，於是一搓就出來了，而且對皮膚沒有任何不好的影響。」裡頭提到的酸鹼中和看似有理，但仔細想想，並不那麼簡單。由於油和水不相溶，黑頭與小蘇打溶液之間可能得接觸個幾天才能發生充分的中和——沒等黑頭除掉，先把皮膚燒壞了。

網上還有另外一個解釋，看起來好像更專業：「小蘇打溶於水後呈弱鹼性。在鹼性條件下，油脂會發生皂化反應，生成甘油和脂肪酸鹽，甘油和脂酸鹽的水溶性都比較好。黑頭的主要成分應該是體內分泌的油脂，用小蘇打水溶液在鼻頭敷個十幾分鐘，會發生以上的反應，產生的物質溶於水，所以能達到去黑頭的效果。」在鹼的催化下，油脂確實會水解產生甘油和脂肪酸鹽，這個過程是生產肥皂的一個步驟，因此叫作皂化反應。但是我們要注意，這個皂化反應是比較慢的，它的速度跟鹼性強度、反應溫度關係很大。工業生產中通常要用比較強烈的條件，比如氫氧化鈉這樣的強鹼，加熱沸騰三個半小時左右，才能反應完全。如果是室溫，在小蘇打這樣的弱鹼性條件下，就算能反應，等反應完成也要等到天荒地老你的鼻子都不見得還在的時候，絕對不是「數個十幾分鐘」就會發生。

另外「鹼能去汙」也是常聽到的一個生活常識。實際操作中，工業上有時候為避免泡沫而用鹼液清洗油污，這是綜合了皂化、潤濕、乳化、分散等一系列作用，採用的鹼液是40%~80%的氫氧化鈉和一定量的碳酸鈉、磷酸鈉的混合物，鹼性很強，而且一般要在70度以上加壓噴射，才能效率較高地清洗完成。而家庭中可以用來去汙的鹼面（也叫純鹼、食用鹼、蘇打），成分是碳酸鈉，其鹼性是強於小蘇打的，水溶液的pH值可以達到11以上。即使如此，純鹼的去汙能力還是很難與常用清潔劑相比，如果你用它洗過油膩的碗就知道了。總之，要有好的去汙（也就是溶解油脂）效果，就要用比較強的鹼，在比較高的溫度下，進行比較劇烈的機械作用（摩擦或者沖洗）。這些手段放到臉上，聽著不太好吧？

## 小蘇打多用易傷膚

至於用小蘇打水溶液敷鼻子是不是像網上說的一樣毫無副作用，我們來看看它溶於水後都會發生些什麼。首先小蘇打或者說碳酸氫鈉，室溫25°C下的溶解度是96克/升[1]。在水中碳酸氫鈉會發生下面的平衡反應：

當反應開始，溶液會略帶鹼性，飽和碳酸氫鈉pH值為8.31（pH值0~7是酸性，7~14是鹼性）。健康皮膚的pH值大約在5.0~5.6之間，因為皮膚的分泌物形成的微酸環境不利於細菌生存，對人體有保護作用。記得很多潔面產品都拼命宣傳自己「弱酸性，溫和不傷皮膚」吧，用鹼性的溶液敷在皮膚上破壞了皮膚的天然屏障，使皮膚更容易失水乾燥，某些皮膚敏感的人還容易刺痛紅腫。過去用肥皂洗臉，久之皮膚容易粗糙乾燥，就是因為肥皂的鹼性。如果每週都用小蘇打水敷鼻子一兩次，黑頭越來越少是不太可能，倒是很可能皮膚變得越來越粗糙敏感。

## 黑頭：想說再見不容易

皮脂腺開口於毛孔，如果分泌的皮脂都能夠順利排出，就不會產生黑頭了。所以與其勞心勞力地去黑頭，倒不如加強清潔，去角質，防止毛孔堵塞，避免黑頭的產生。

因此，一些可以有效軟化角質，促進角質剝落的成分，比如水楊酸（又稱BHA，Salicylic Acid）會有比較好的去黑頭效果。插一句，常用的去角質成分包括果酸（又稱AHA，$\alpha$–羥基酸）和水楊酸，它們都作用在皮膚表面，幫助角質和死皮脫落，理論上，合理濃度下使用是不會傷害健康皮膚細胞的，並且需要連續使用才能維持效果。區別在於，果酸是水溶性的，水楊酸是油溶性的，因此水楊酸能夠幫助疏通毛孔中的堵塞，而果酸更適用於除去因為日曬、乾燥等在表面堆積的死皮。要注意水楊酸適合作用的pH值在3~4之間，偏酸性，一些皮膚敏感的人也許不適合使用。

如果有很難溶解的頑固黑頭，必須要挑出來的話，首先要通過熱敷或者蒸熏使毛孔儘量打開；粉刺針一類的用品要注意消毒，最好用酒精擦擦；挑出黑頭之後可以用一些消炎、鎮定的手段（比如冰敷一下）幫助收縮毛孔，然後就該讓皮膚好好休息一下。

謠言粉碎。

小蘇打溶液作為一種弱鹼溶液，不能通過酸鹼中和或皂化反應來溶解黑頭，而且其鹼性對於皮膚有刺激作用。要想去除黑頭，一些含水楊酸的產品是比較有效的，或者在注意衛生的情況下將黑頭挑出來，但要注意，這些都會在一定程度上刺激皮膚。平時作息規律，保持合適溫度濕度，都有助於調整皮脂腺的分泌狀況，算是對黑頭「預防勝於治療」的手段吧。

## 參|考|資|料

[1] Wikipedia. Sodium bicarbonate.

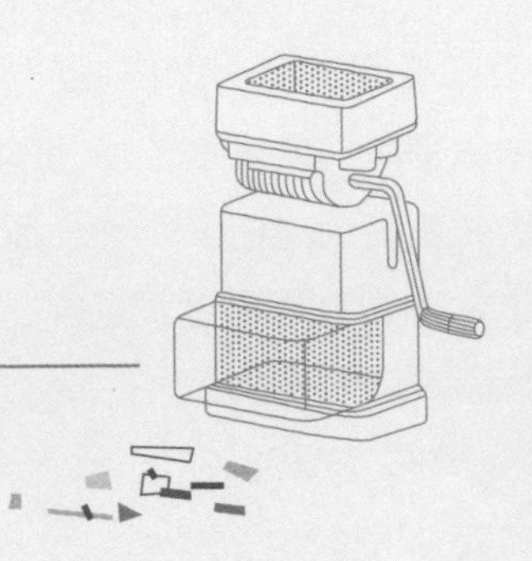

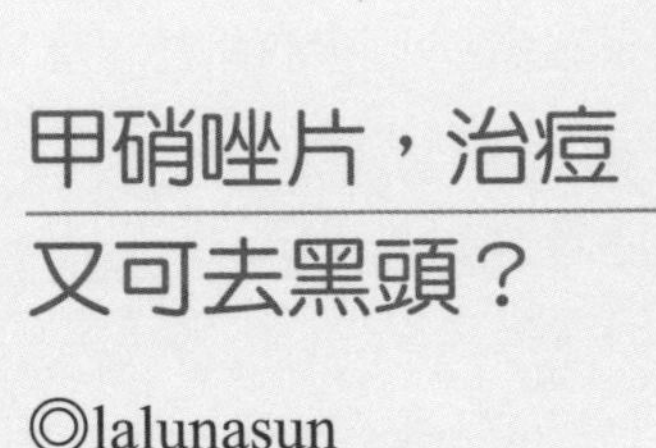

# 甲硝唑片，治痘又可去黑頭？

◎lalunasun

Q

遇到兇器了！！！就今天，我去看了中醫蜀黍，蜀黍開了一瓶兩塊八的甲硝唑片就叫我回家拿涼白開融開了敷臉上兩小時，說能讓痘痘儘快化膿結痂。我就照做敷了兩小時順便洗了澡，出來一看，啊啊啊啊！鼻子和下巴上的黑頭白頭全都出來了，拿指甲刮就全乾淨了！我現在整個鼻子都乾乾淨淨的，真想去抱著那個蜀黍親一口啊！

當日發出之後，這條微博火速竄紅，一天內就被轉發兩萬多次。它受歡迎的點很容易理解：一瓶甲硝唑藥片只要幾元錢，治療成本極低，方便又新奇，迎合了眾多痘痘受害者的心理。不過，這方法真的可靠嗎？

## 濕敷不是好法子

從本質上講，黑頭與白頭都是積存在毛囊中沒有排出到皮膚表面的油脂。如果這油脂粒表面還覆蓋著一層角質，它就是白頭；如果它沒有被角質覆蓋，直接接觸了空氣，那八成油脂將被氧化成黑色，成為黑頭。剛分泌的皮脂在常溫下是液態的，而無法排出的皮脂往往因為被氧化而熔點升高，也就是會固化為嵌在毛孔中一粒粒硬硬的東西，用手就能摸得到。它們沒有被痤瘡丙酸桿菌（青春痘誘因之一）所侵襲而發生感染，因此不會發紅。

依病情輕重不同，痤瘡可分為多個不同階段。感染形成的丘疹、膿皰乃至結節，通常被稱為「青春痘」[1]。

我們先看看原作者在清理黑頭前做了哪些工作：準備甲硝唑溶液，濕敷兩小時，洗澡。在濕敷與洗澡過程中，都會使角質層含水量提高，同時皮膚溫度升高。皮膚溫度升高帶來最直接的效應就是，那些固化而卡在毛孔中的油脂粒會融化成液態，順毛囊開口排出到皮膚表面。即使沒有完全融化，它也不再牢牢卡住，很容易在外力作用下被清理出來。角質層含水量高，時間一長就會鬆解，簡單來講就是「皮被泡軟了」。它與黑頭或白頭之間結合不緊，同樣有利於外力清理。至於這外力，可以是指甲刮，可以是粉刺針，也可以是妙鼻貼。不論孰優孰劣，道理是一樣的。

而甲硝唑是一種針對厭氧型微生物的抗生素（例如治療腸道和腸外阿米巴病、陰道滴蟲病、小袋蟲病和皮膚利什曼病、麥迪那龍線蟲感染等），對與感染無關的黑頭或白頭沒有用。也就是說，流言中那種「鼻子和下巴上的黑頭白頭全都出來了，拿指甲刮就全乾淨了」的效果，只與濕敷和洗澡有關，與甲硝唑毫無關係。

不管是為了什麼目的，濕敷都是不推薦的做法。長時間含水過多，會使角質層受損，皮膚屏障功能下降，引發更多皮膚問題。

## 甲硝唑能行嗎？

青春痘，其實是痤瘡的一種。依病情輕重不同，痤瘡可分為多個不同階段。黑頭與白頭被稱為「粉刺」，細菌感染引起的丘疹、膿皰乃至結節，通常被稱為「青春痘」。

導致青春痘的三大因素分別為：皮脂分泌過度、毛囊漏斗部角質粘連、痤瘡桿菌繁殖。過厚的角質層覆蓋了毛囊開口，導致皮脂不能順暢排出，成為痤瘡桿菌的養料。痤瘡桿菌將皮脂分解為游離脂肪酸，後者會刺激毛囊，產生發炎症狀。只要控制這三個要素中的任意一個或幾個，痤瘡情況都可以得到改善。

正常毛囊漏斗部清晰可見，漏斗部角質粘連將引發微粉刺，進而產生肉眼可見的粉刺與青春痘[1]。

作為一種針對厭氧型細菌的抗生素，甲硝唑理論上可以抑制痤瘡桿菌的繁殖，減少遊離脂肪酸，所以外用甲硝唑治痤瘡，看起來是行得通的。但實際上，出於種種原因，醫生幾乎不會讓患者這樣用藥。醫生首選非抗生素外用，如果無效或難以耐受其副作用時，再以外用或口服抗生素，如紅黴素、四環素。

但同時，問題也出在抗生素上。長期使用某種抗生素，必然會使細菌產生抗藥性。作為一種多年來使用範圍極其廣泛的抗生素，甲硝唑注射液的藥品說明書上，已經注明了「丙酸桿菌屬對本品耐藥」，要想治療痤瘡丙酸桿菌引發的青春痘，它可能會讓你失望。

因此，不建議用甲硝唑來治療青春痘。我們有更好的方法。

## 痘痘怎麼治？

痤瘡的治療可是皮膚第一難題。到底是用化妝品還是尋求醫生的藥物治療，還是要根據自身情況決定。

首先，來複習一下知識要點：

1. **青春痘：**皮脂分泌過度、毛囊漏斗部角質粘連、痤瘡桿菌繁殖。

2. **白頭粉刺：**堵塞在毛囊中的油脂，上面有角質層覆蓋。

3. **黑頭粉刺：**堵塞在毛囊中的油脂，上面無角質層覆蓋。

可以看到，解決痤瘡問題的一大要點就是控制皮脂量。以溫和的產品清潔皮膚，不要選擇香皂、硫黃皂甚至是肥皂，避免不必要的刺激以及引發毛孔堵塞的皂垢。適當選擇含有控油成分的化妝水等，避開含有油脂的乳液和面霜，更不用提那些本身就有可能導致粉刺的產品了。外用或內服維A酸及其衍生物（如他紮羅汀、達芙文、異維A酸等），可以控制油脂分泌，但請一定要在醫生的指導下使用它們。

角質層過厚的問題也需要解決。許多醫生推薦含有低濃度果酸或水楊酸成分的化妝品，以及含有壬二酸的保養品。磨砂膏的大力摩擦則要避免，用與不用不僅沒有明顯區別，反而可能刺激皮膚而使情況更糟。如果求助於醫生，還可以用高濃度的酸進行換膚。維A酸類可以將紊亂的角質層代謝調整至正常狀況。

經過這兩步，白頭與黑頭的粉刺可以好轉。那些仍然發紅的痘痘，則需要消炎了。

想控制痤瘡桿菌的繁殖，可選擇非處方藥的過氧化苯甲醯，從較低濃度開始嘗試。它能產生高濃度自由基，殺滅厭氧菌，由於過氧化苯甲醯不是抗生素而不會有耐藥性問題。缺點是可能會有刺痛、脫皮等不適症狀。同樣能抑制痤瘡桿菌的還有茶樹精油。雖然刺激性比過氧化苯甲醯低一些，但市面上的產品往往達不到有效作用濃度，效果有待商榷。在歐洲，壬二酸（杜鵑花酸）已被用來抗痘，它能抑制細菌、抗炎並加速角質代謝。終極武器是抗生素，如紅黴素、四環素、克林黴素等。具體使用方法，請遵循醫生指導。

光療是一種被越來越多的人認可的治療方法，包括鐳射、光動力等方法。光療可以對病灶處的痤瘡桿菌進行殺滅，療效很好，缺點是價格昂貴。如果有興趣，請諮詢皮膚科、整形外科或鐳射美容中心的醫生。

除此之外，還有局部使用類固醇、局部外科切開等不常見的治療手段。總的來說，聯合各種手段、多管齊下才能有效控制痤瘡，還要針對自己狀況而選擇不同的方式。該看醫生就去看，千萬別把痘痘不當一回事——這是病！[2]

謠言粉碎。

拿甲硝唑治痤瘡，確實可能有一點效果。但這並不是一種合適的去痘方法。至於拿它去黑頭？你要求太多了！

## 參|考|資|料

[1] (1, 2)虞瑞堯，痤瘡診療圖譜，北京科學技術出版社，2010。

[2] Hywel C Williams, Robert P Dellavalle, Sarah Garner. Acne vulgaris. 2004.

# 著涼導致面癱？

◎張若劍

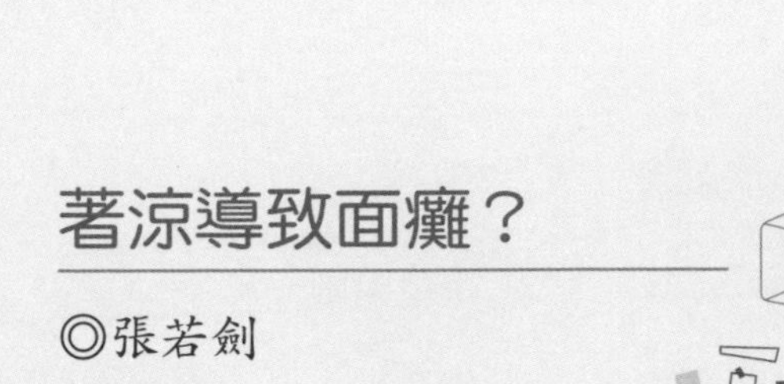

民間有句俗語：春捂秋凍，百病不碰。據《都市快報》，因為沒有注意保暖，杭州一個女孩刷牙時，嘴裡的水突然不自覺地往外流，一照鏡子發現，一側面部表情癱瘓。醫生説最近面癱病人很多，都是不注意保暖惹的禍，愛美的姑娘小夥們出門別著急脱掉冬裝哦！

著涼如果能招來面癱那真是很可怕的一件事。我們真的需要為此擔心嗎？

## 什麼是面癱？

嚴格說來，面癱應該算是一種症狀，患者一側面部會失去控制面部肌肉的能力，表情扭曲且無法自控，極少數病例會出現兩側發病[1]。一些面癱症狀的發病原因比較明確，比如：膝狀神經節綜合征（Ramsay-Hunt Syndrome）、萊姆病（Lyme Disease），但大多數面癱（占到80%~90%）的發病原因不明，被稱為貝氏面癱（Bell' s Palsy），也叫特發性面神經麻痹（一般如果病有「特發性」三個字就說明原因不清）。它只能由排除診斷法診斷，也就是說排除所有其他疾病的可能性後才能確診[2]。

## 為什麼會得面癱？

從病理上看，面癱是因為面神經出了問題。面神經又長又繞，出顱後走行於狹窄的骨性面神經管。由於面神經管僅能容納面神經通過，一旦面神經發生炎性水腫（不只是水腫，還會有神經的脫髓鞘，嚴重的還會出現神經軸索變性），必然會導致面神經受到壓迫，臨床上就會出現面癱的症狀。

貝氏面癱中引發面神經水腫的原因還不清楚。有一些假說，比如病毒感染（HSV-1，帶狀皰疹病毒等嗜神經病毒）可能與這樣病理變化有關，或是由於自主神經功能不穩引起局部營養神經的血管出現痙攣，導致面神經缺血進而出現神經水腫。但這些假說並沒有得到證實，仍然還是假說。[3][4]

## 受風著涼後會得面癱嗎？

從臨床表現來看，貝氏面癱發病急，得病前多有受涼病史，狹窄縫隙的冷風是常見誘因，多數人是在清晨洗漱時發現一側臉活動不靈的。不過教科書上並沒有提到避免受風能預防面癱。

國際上對貝氏面癱的研究中，各種情緒壓力與環境壓力，包括創傷、寒冷、代謝失調、情緒失調等等，都被認為可能會誘發貝氏面癱[5]，卻並沒有將受風受寒直接與貝氏面癱聯繫起來的報導。研究同時還發現，貝氏面癱沒有季節差異，不存在季節交替或是大風季節時更容易發病的現象[4]。

## 怎麼防治面癱？

很不幸，由於致病原因都還不清楚，所以貝氏面癱無法有針對性地預防。好消息是，它的發病率並不算高（只有萬分之二），並且三分之二的患者在發病後即使什麼也不做，也都能夠在三周內自然痊癒。只有少部分人會留下如慢性味覺缺失、陣發性面肌痙攣等後遺症，部分特別倒楣的患者可能會永久失去面肌攣縮功能而對生活造成影響[6]。另外，年輕人自然癒合的可能性比老年人要高。

同時，針對面癱也缺乏特效藥物和療法。目前常用的主要有激素治療、抗病毒治療、使用B族維生素營養神經等療法。實踐證明，這些方法在減輕症狀和加速痊癒方面有一定效果，但效果並不太顯著[7]。國內廣泛應用的針灸、電針治療和臉部運動可能有效，但是沒有相關研究支持。此外還有一些爭議中的療法，如電療、肉毒素注射、外科手術治療，這些療法都不太推薦，只能說在別的辦法都無效的情況下可以試一試。

此外，由於面癱可能導致失去閉眼能力，要特別注意對眼睛的保護。使用人造淚和眼藥膏來保持角膜濕潤，也可以晚上睡覺時用濕毛巾或眼罩蓋上眼睛，預防暴露性角膜炎。

謠言粉碎。

對於特發性的面癱，我們知道的還很少。目前僅僅在經驗上認為，受風著涼只是誘因，而非發病的決定性因素。教科書和相關研究文獻上都沒有提到避免受風能預防面癱。大家不用對吹風受涼過於緊張。不過，醫學本身還是經驗科學，許多疾病的發病機制沒有完全搞懂。雖然不認為著涼是導致面癱的根本原因，但注意保暖總沒錯。

## 參|考|資|料


[1] Anwar Ahmed M D. When is facial paralysis Bell palsy? Current diagnosis and treatment. Cleveland Clinic Journal of Medicine. 2005.

[2] Wikipedia. Facial nerve paralysis.

[3] Richard Baringer M D. Herpes Simplex Virus and Bell Palsy. 1996.

[4] (1, 2) Rowlands S, Hooper R, Hughes R, Burney P. The epidemiology and treatment of Bell' s palsy in the UK. European Journal of Neurology. 2002.

[5] Kasse, et al. Clinical data and prognosis in 1521 cases of Bell' s palsy. International Congress Series. 2003.

[6] Peitersen, Erik M D. The Natural History of Bell' s Palsy. American Journal of Otology. 1982.

[7] Sullivan F M, Swan I R, Donnan P T et al. Early treatment with prednisolone or acyclovir in Bell' s palsy. The New England Journal of Medicine. 2007.

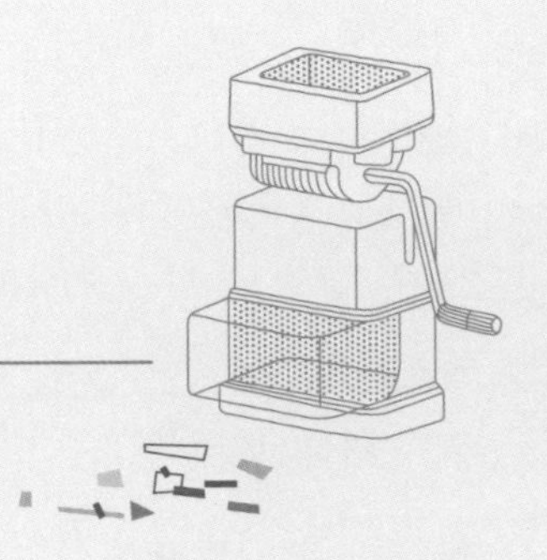

# 刮腋毛易導致乳腺癌嗎？

◎林竹蕭蕭

因為腋毛幫助汗液排除，沒有腋毛會使得毒素的排除受阻，讓毒素儲存於淋巴結，從而提高罹患乳腺癌的概率。乳腺癌在腋窩區域發病最多也是由此造成。

夏天，很多女孩都會選擇刮腋毛，因為在她們看來，吊帶背心下竄出鬱鬱蔥蔥的腋毛是不可接受的事情。不過網路上流傳著「刮腋毛易導致乳腺癌」的說法，聽上去好像很嚇人，不妨來分析一下。

## 排毒和排汗完全無關

不少流言的慣用伎倆都是首先提出一個虛假的前提，然後用看似正確的邏輯推理得出一個錯誤的結論，例如這則流言就首先認定「排汗受阻會導致排毒受阻，最終導致癌症發生」。

在現代醫學裡，很難為「排毒」找到合適的定義。如果將致癌物質認為是「毒」，那麼我們身體內大多數毒素都是由血液運輸到肝臟或腎臟代謝清除的。這些「毒素」或經由膽汁隨糞便排出或通過尿液排出體外[1]。流言中提到的「膝蓋後方關節、耳後、腋窩等主要排毒區域」實在是無從談起。

除了肝腎之外，淋巴結負責消滅體內細菌或其他病原體，同時也能清除部分對身體健康有危害的物質。但淋巴結清除「毒素」的機制不是出汗而是免疫介導，代謝產物通過淋巴回流最終也會進入血液系統[2]。實際上，淋巴結根本不與汗腺直接連接。汗腺存在於皮膚之中，而非淋巴結內。

排汗是人體正常的生理過程，它可以調節體溫、保持皮膚濕潤，同時排出極少量代謝廢物。不過汗液的99%以上都是水，剩餘極少部分溶質包括礦物質、乳酸、尿素及其他極微量的代謝產物。這些溶質中絕大多數來源於血漿，但濃度遠低於尿液[3][4]，因此所謂出汗的「排毒」作用十分有限，局部排汗受阻很難對人體代謝造成顯著影響。

## 阻礙排汗？刮腋毛無罪

「刮腋毛會使得排汗受阻」是流言中認定的另一個「事實」。但實際上，刮腋毛並不會影響汗腺的結構，也不會阻礙排汗。

汗腺包括排泄汗腺和頂漿汗腺兩種[5]。排泄汗腺遍佈全身，直接開口在皮膚表面，排汗功能與是否刮腋毛無關。頂漿汗腺則分佈在腋下、陰部、乳暈等處，開口與毛囊相通，分泌的汗液相對較為黏稠，這種分泌液在皮膚表面的細菌作用下會形成特殊體味，嚴重的就是我們常說的狐臭[6]。由於刮腋毛只是剃除了毛髮在體表的部分，並不破壞毛囊深層結構，因此對頂漿汗腺的分泌影響也十分有限。不少有體味（狐臭）的患者即便刮除了腋毛，體味也依舊濃烈[7]，要借助止汗劑與除臭劑才能勉強掩蓋體味。

當然，需要提醒的是，對於採用物理方式刮除腋毛的人來說，如果因為刮腋毛不當造成皮膚的破損，確實容易引起感染、毛孔阻塞，有可能對排汗造成一定影響。所以，最好使用清潔鋒利的剃毛工具，剃毛前充分濕潤並適當使用潤滑產品對避免劃破皮膚也有幫助。同時切記，不要與他人共用剃毛工具。

## 腋窩淋巴結與乳腺癌

流言還聲稱幾乎所有乳腺癌都發生在乳房外側上方的區域，因為這裡是排毒淋巴結的所在地。臨床上，以乳頭為原點畫橫縱軸將乳房分為四個象限，外上象限（靠近腋下的部分）乳腺癌原發灶發病率確實最高，但美國癌症研究協會（American Cancer Society）對此的解釋是，這可能只是因為該象限乳腺組織最多而已，其發病比例和乳腺組織在外上象限分佈的比例類似，和淋巴無關[7]。

值得一提的是，腋窩淋巴結與乳腺癌的淋巴轉移（注意，不是原發癌灶）確實有密切的聯繫。乳腺癌淋巴結轉移大多都發生在腋窩淋巴結，但這依然與所謂的「腋窩淋巴結儲存毒素」無關，而是由乳腺淋巴回流途徑決定的。

乳腺周圍分佈著眾多淋巴結，乳房組織產生的大部分淋巴液都是經胸大肌外側緣淋巴管先流至腋窩淋巴結，再流向鎖骨下淋巴結。因此大部分的乳腺癌淋巴轉移也都發生在腋窩淋巴結[8]。

謠言粉碎。

刮腋毛導致乳腺癌的流言無論在論據還是結論上都是站不住腳的。目前並無臨床證據支持刮腋毛會致乳腺癌的說法，也無研究表明乳腺癌發病位置同刮腋毛有關。刮腋毛在審美上是好是壞因人而異，但依據目前的醫學認識，選擇刮腋毛的人不必擔心會對乳腺健康帶來負面影響。

## 參|考|資|料


[1] (1, 2) American Cancer Society: Antiperspirants and Breast Cancer Risk.

[2] Wikipedia. Lymph node.

[3] Czarnowski D, et al. Plasma ammonia is the principal source of ammonia in sweat. Eur J Appl Physiol Occup Physiol. 1992.

[4] Cizza G, et al. Elevated neuroimmune biomarkers in sweat patches and plasma of premenopausal women with major depressive disorder in remission: the POWER study. Biol Psychiatry. 2008.

[5] Wikipedia. Sweat gland.

[6] Wikipedia. Apocrine sweat glands.

[7] Kohoutova D, Rubesova A, Havlicek J, Shaving of axillary hair has only a transient effect on perceived body odor pleasantness. Behavioral Ecology and Sociobiology. 2012.

[8] 吳在德主編，外科學（第五版），人民衛生出版社，2000。

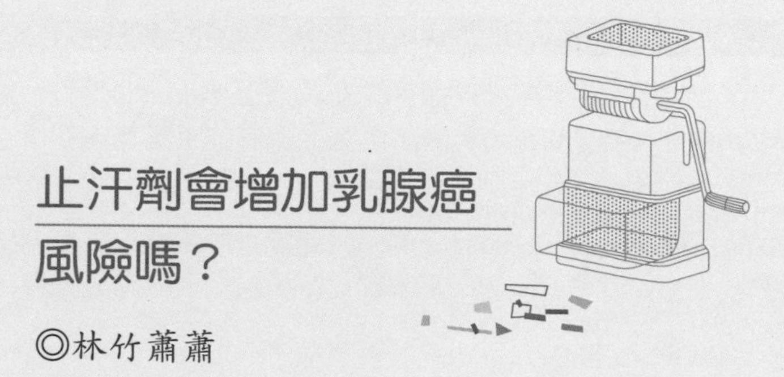

# 止汗劑會增加乳腺癌風險嗎？

◎林竹蕭蕭

使用腋下止汗劑、除味劑等化妝品會增加乳腺癌風險。

「腋下止汗劑、除味劑會增加乳腺癌風險」的說法在國外已經流傳了十幾年了[1]。相信在瞭解了它的來源以及相關的研究結果之後，你會有一個自己的判斷。

## 鋁化合物：被質疑的成分

對於止汗劑的擔憂來源於其成分中的鋁化合物。目前市場上大多數的止汗劑有效成分仍然是鋁化合物，主要有氯化羥鋁、氯化鋁鈷等[2]。鋁化合物能夠暫時地堵住汗腺出口，阻止汗液分泌到皮膚表面，達到物理止汗的效果[3]。

除了網路上廣泛傳播的流言，英國的達爾佈雷醫生也相信止汗劑可能導致乳腺癌發生。達爾佈雷醫生用乳腺癌細胞做實驗，發現某些鋁化合物能夠通過化學鍵結合或者通過受體基因調控等途徑影響癌細胞的雌激素代謝[4]，並將這個結果作為「致癌假說」的理論依據[5]。

儘管聽起來很驚悚，但實際上這個假說和細胞學證明「使用止汗劑或除臭劑會致癌」這個結論尚有一大距離。

首先，細胞學上的「代謝變化」與「致癌」是兩個不同的概念，而且該研究結果來自於在癌細胞中進行的實驗。鋁化合物在正常乳腺細胞中是否有同樣的作用，它又是通過何種機制導致正常乳腺細胞發生癌變的，這些問題並沒有得到證實和解答。

其次，這些鋁化合物是否能通過皮膚進入人體？是否會在體內（尤其是乳腺組織）蓄積？在乳腺組織中蓄積的濃度是否能達到有害濃度？這一系列問題也都是解答「使用止汗劑是否會致癌」的關鍵問題。但是目前並沒有看到任何研究給出肯定回答，恐怕還需要更多更深入的研究才能揭開謎團[6]。

## 臨床研究可見端倪

美國癌症研究協會、美國國家癌症研究所等機構都不認同使用止汗劑會導致乳腺癌的觀點[3][6][7]。與致癌論支持者在細胞水準提出假說和實驗不同，這些機構主要通過對目前臨床資料的分析研究得出結論。

第一項與此話題有關的臨床流行病學證據來自美國。2002年一項涉及873名女乳腺癌患者，793名健康女性對照的流行病調查研究發現，使用止汗劑、除臭劑和刮腋毛等習慣均與乳腺癌無顯著相關性[5]。2006年的另一項涉及54名乳腺癌女患者和50名健康女性的研究甚至發現在健康對照組中使用止汗劑的女性比例反而要高於癌症患者[8]。

但2003年的一項研究得到了令人費解的結果。研究人員對400多名患過乳腺癌的女性進行問卷調查，發現使用止汗劑或刮腋毛的女性診斷乳腺癌的年齡明顯更早。因此研究人員推斷止汗劑、除臭劑與刮腋毛等習慣會提前乳腺癌的發病年齡[9]。

這項研究的結果讓人費解並受到科學界詬病的原因是它在設計上存在的缺陷使得結果的可信度和科學價值大大下降[6]。因為從日常生活經驗來看，年輕女性要比中老年女性更常使用止汗劑、除味劑，也更常刮腋毛。如果實際情況是無論在癌症患者還是健康女性中腋下使用化妝品者的年齡都更小的話，那與其說使用腋下化妝品與乳腺癌有關，倒不如說是這些習慣跟年齡有關[6]。這樣的研究資料遠不能證明止汗劑會導致乳腺癌發生的觀點。

正是鑒於這些臨床研究的結果，美國癌症研究協會、美國國家癌症研究所等機構都在其官方網站上明確表態，不支持致癌論的觀點[3][6]。

## 刮腋毛後止汗，不推薦

包括止汗劑在內的許多腋下保養品、化妝品都在產品上做了說明：避免在刮腋毛後一小時內使用。因此就有人擔心是不是因為這些化妝品致癌所以才不能在刮毛後使用呢？

事實並非如此。因為刮腋毛的時候可能會不小心刮破皮膚，而如果在皮膚破損的情況下使用這些化學品的話，可能會造成一些刺激反應，這是在刮腋毛後一小時內不推薦使用止汗劑的主要原因。另外，如果在使用止汗劑、除臭劑之後腋下有刺痛感、燒灼感或出現過敏等不適症狀，務必立即停止使用並清洗腋下，如果症狀嚴重應尋求適當的醫療幫助。

謠言粉碎。
從目前的實驗和臨床證據來看，並無有力證據支持「使用止汗劑會導致乳腺癌發生」的說法。美國癌症研究協會、美國國家癌症研究所等機構都在其官方網站上明確表態，不支援使用止汗劑會致癌的觀點。在選用止汗劑、除臭劑等腋下化妝品時選擇正規合格的產品，並遵照說明使用即可。

## 參｜考｜資｜料

[1] Jones J. Can rumors cause cancer? J Natl Cancer Inst. 2000.

[2] Darbre P D, Underarm cosmetics and breast cancer. J Appl Toxicol. 2003.

[3] (1, 2, 3) National Cancer Institute: Antiperspirants/Deodorants and Breast Cancer.

[4] Darbre P D, Aluminium, antiperspirants and breast cancer. J Inorg Biochem. 2005.

[5] (1, 2) Mirick D K, Davis S, Thomas D B, Antiperspirant use and the risk of breast cancer. J Natl Cancer Inst. 2002.

[6] (1, 2, 3, 4, 5) American Cancer society: Antiperspirants and Breast Cancer Risk.

[7] Namer M, et al. The use of deodorants/antiperspirants does not constitute a risk factor for breast cancer. Bull Cancer. 2008.

[8] Fakri S, Al-Azzawi A, Al-Tawil N. Antiperspirant use as a risk factor for breast cancer in Iraq. Eastern Mediterranean Health Journal. 2006.

[9] McGrath K G. An earlier age of breast cancer diagnosis related to more frequent use of antiperspirants/deodorants and underarm shaving. Eur J Cancer Prev. 2003.

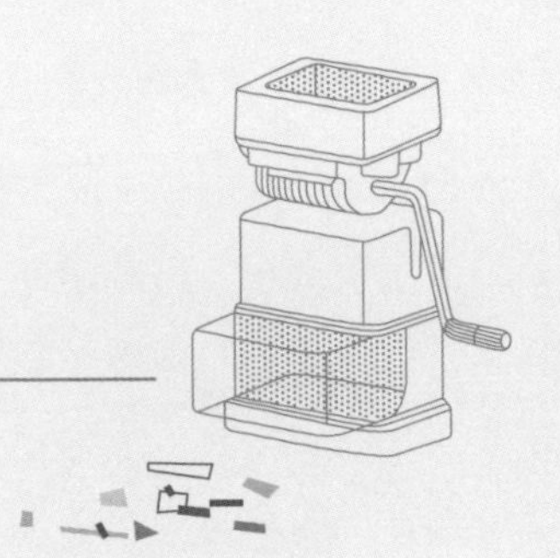

# 只能使用更貴的保養品嗎？

◎Helixsun

Q

保養品有耐受性，要越用越好的，所以年輕時候不能用貴的、複雜的保養品，不然到老了就沒東西可用了。

對於選擇化妝品，不少人都還是價格導向的消費觀念，以為越貴的產品就一定更好。今天我們就來討論選擇保養品的誤區。

## 「耐藥」、「耐受」大不同

在談論保養品的耐受性問題時，很多人混淆了「耐受」與「耐藥」這兩個概念。所謂耐藥，是指重複使用某種藥物後，其藥效逐漸減低，如要取得與用藥初期同等效果，必須增加劑量。它是醫藥學領域的概念，又稱為抗藥性。藥物的耐藥情況中，最引人注目的就是病原體的耐藥性。超級細菌的出現（詳見：果殼網「超級細菌の世界末日論」）、結核病的捲土重來（詳見：果殼網「結核離我們並不遠」）都和致病菌對治療藥物產生了耐藥性有關。除此之外，也存在由於受體變化、藥物代謝加快等原因產生的耐藥性。這類型的耐藥一般都與長時間大劑量的藥物使用有關。保養品的活性成分一般含量都很低，不太可能出現類似的效果減弱情況，目前也沒有保養品中成分在什麼人身上出現了耐藥性的報導。

皮膚護理方面所談及的耐受則是另一個問題。

保養品的耐受指的是皮膚對某一成分的接受程度。保養品中的一些活性成分可以發揮有益的生理效應，但是也可能帶來紅斑、刺痛、脫皮等副作用。對於這些成分，有些人在使用初期會產生不適，即對這種成分不耐受。這種不耐受通常和濃度相關，不同於一般意義上的過敏。隨著使用時間的延長，皮膚會逐漸適應，不適的情況會消失，這個過程就是皮膚對保養品的耐受。為了使皮膚對活性成分有更好的耐受性，一方面要控制活性成分的濃度，使它能發揮作用又不至於引起皮膚不適；另一方面可以通過加入一些抗炎舒緩的成分來改善。[1]

## 活性成分濃度越高越好？並非如此

舉個例子，曾有研究者比較了5%、10%尿素霜*對於緩解特應性皮炎患者皮膚不適的效果，發現並沒有明顯的差異[2]。從尿素霜的這個例子可以看出，濃度高並不一定會帶來更好的效果，甚至有時候濃度高還會造成更大的刺激性，這就是前面所說的耐受性問題。比如水楊酸，在保養品中的濃度上限是2%（去屑洗髮水為3%），更高濃度會刺激皮膚引起皮膚嚴重損傷。醫院裡有時會用更高濃度水楊酸來治療痤瘡、牛皮癬甚至可以用來化學換膚，但是都必須在醫生的指導下使用。

換句話說，不能因為追求效果就認為濃度越高越好，日常護膚選擇適合的濃度就可以了，過高濃度帶來的刺激性可能適得其反。

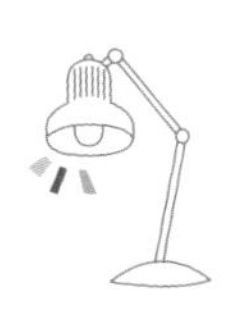

* 尿素霜：緣起於在護膚方面向崇尚自然的日本女性。她們將買來的尿素用水溶化，加入從藥店買來的甘油保濕劑自製化妝水，每天早晚用塗於面部和雙手，效果極其明顯，用後皮膚極為潤澤光滑。 尿素有去除皮膚表皮角質層和保持皮膚滋潤的作用。這種含有尿素的保濕劑特別適合皮膚粗糙的人使用，而且幾乎沒有副作用。

## 活性成分越複雜越好？並非如此

成分越複雜，產生敏感和不耐受情況出現的概率就越高。舉例來說，我們知道維生素C會有美白、促進膠原蛋白表達、抗氧化等功效。但是一般的維生素C穩定性差，更多的廠商會使用維生素C的衍生物，比如酯化維生素C，維生素C葡萄糖苷，維生素鹽類等。市面上有些產品會添加多種維生素C衍生物，宣稱具有更好的護膚效果。但是理論上看並不是越多越好。維生素C需要在較強酸性中才會有效果，而維生素C鹽類在弱鹼性條件下才穩定，放在同一產品裡難免顧此失彼。脂溶性的酯化維生素C和水溶性維生素C的性質完全不同，兩者混合在一個產品中也會對製劑提出更高的要求。

總的來說，判斷一個產品的優劣不能簡單地將成分的複雜程度作為依據，更重要的是合理的配方和製劑。

## 越貴的產品就越好？非也

應該說各個價位都有優良的產品。產品價格的定位更多來自市場定位和廣告等多方面的考量。高階產品往往宣傳某一成分的神奇效果，利用資訊不對稱進行超常規定價，引起消費者關注和崇拜，鞏固它們在行業中的頂端地位。同一集團也會推出不同價位的品牌，來創造多個梯度的價格空間，以此擴大目標消費人群[3]。

## 選保養品的依據是年齡？非也

年輕人雖然更常遇到痤瘡問題，但是一樣也會有皺紋、色斑。老年人除了皺紋同樣可能會有痤瘡、濕疹、過敏等問題。選擇保養品最先考慮的應該是自己的膚質，是油膩還是乾燥，容易過敏還是耐受性好，是否有色素沉澱，緊致還是有皺紋。即使同一年齡段也會有不同的膚質，經常會有人羡慕同齡人沒有痘痘、皺紋等皮膚問題，並不是他們用了什麼神奇的產品，可能只不過是天生麗質加上選擇了適合自己膚質的保養品而已。

A

謠言粉碎。
皮膚不會對保養品產生耐藥性，選擇保養品要根據自己的膚質而非年齡。同時，各種價位的保養品都有出色的產品，並非越貴越好。

### 參|考|資|料

[1] 德拉洛斯主編，功能性化妝品：美容皮膚科實用技術，人民軍醫出版社，2007。

[2] Robert Bissonnette M D etc. A double-blind study of tolerance and efficacy of a new urea-containing moisturizer in patients with atopic dermatitis.Journal of Cosmetic Dermatology. 2010.

[3] 蔡夢詩，關於中國美容化妝品業產業組織的若干問題研究，浙江大學碩士論文，2007。

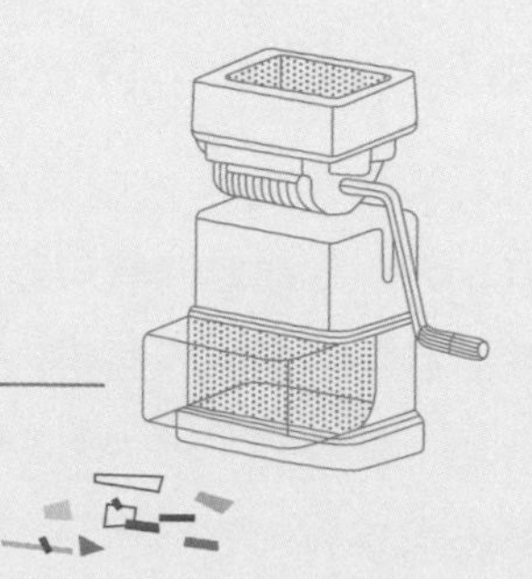

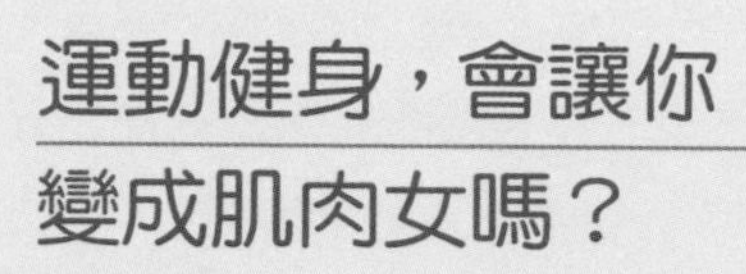

# 運動健身，會讓你變成肌肉女嗎？

◎綿羊c

## Q

鍛鍊會導致女性長橫肉，肥是減了，可一點也不苗條。

在這個大多數人以瘦為美的年代，「減肥」是女性的口頭禪和終生目標。當狠狠節食為女性帶來了健康的損害和對食物變本加厲的渴望後，不少人開始思考新的減肥方式：即健康有度的飲食下，培養堅持運動的習慣。

## 肌肉是怎樣練成的

肌肉分為骨骼肌、平滑肌和心肌三種，這裡我們討論的主要是影響形體的骨骼肌。骨骼肌的每塊肌肉都是由許多的肌纖維組成，每個肌纖維實際上都是一個多核細胞。肌纖維又由許多肌原纖維組成，每條肌原纖維都可分成一節節的肌小節，肌小節中肌球蛋白和肌動蛋白形成的粗、細肌絲互相嵌合在一起，兩種肌絲的互相牽拉使肌肉可以做出收縮伸展的動作。

骨骼肌之所以在經過一些訓練之後會越來越強壯，是因為這些運動刺激了肌纖維，使其中的收縮性蛋白（如肌球蛋白和肌動蛋白）變多，肌節的數量也會橫向增多。這些變化都會導致肌纖維的橫截面積變大，從而使肌肉越來越大塊。

需要順帶一提的是，肌纖維按照收縮速度和代謝類型可以被進一步分成兩種：偏於支持有氧運動的慢肌纖維和偏愛無氧運動的快肌纖維。儘管所有肌纖維都有增大的可能，但增大程度不同。練出的大塊肌肉主要是由於快肌纖維的增長。

## 先天的激素「劣勢」

身為女性的你也許常擔心肌肉問題，但實際上女性在肌肉鍛鍊中存在激素上的劣勢。激素水準會影響肌肉的狀態，其中雄性激素睾酮被認為對肌肉生長起到了明顯的作用[1]。睾酮會促進蛋白質合成，抑制蛋白質分解。因此即便是同樣不愛運動的個體，男性也會比女性壯實一些。肌肉訓練也會進一步刺激睾酮的分泌，但這種刺激作用在女性身上並不明顯[2]，所以從先天條件上來說，女性即便想練肌肉，難度也比男性更大。

當然，在很多女性眼裡，這種「劣勢」應該是「優勢」吧！

## 後天運動方式的選擇

儘管從先天條件上來說女性練肌肉的難度更大，但運動方式對肌肉的養成有著更為關鍵的作用。選對運動方式，減肥苗條兩不誤。

前面提到，肌肉的增大主要得益於快肌纖維的生長，但在重複性的低強度練習和固定姿勢活動中，快肌纖維幾乎不會被用到。比如在女性喜歡的跑步（尤其是長跑）或自行車運動中，慢肌纖維會慢慢增大，但肌肉增大的主力軍快肌纖維卻不會明顯增大，甚至會出現萎縮[3]。

本特·薩爾丁（Bengt Saltin）教授領導的小組對人體股四頭肌進行活組織檢查，得到了肌纖維體積變化的資料。他們發現，在動物和人類的實驗中，舉重引起了所有類型肌纖維的最大變化，快肌纖維的增長幅度最大。有趣的是，騎車這樣的慢速重複性運動反而引起了快肌纖維的萎縮，更適於抗疲勞的慢肌纖維則增大。

即便是喜歡在健身房中進行負重訓練、力量訓練的女生，也可以通過調整運動細節來降低肌肉生長的效果。肌肉訓練中，常用1RM（Repetition Maximum）代表一個人一次可以舉起的最大重量。研究表明，越接近1RM的負重訓練重量越有利於鍛鍊肌肉，而較輕的重量（如少於65% 1RM）則不足以練出肌肉[4]。每組動作的重複次數也很重要，中等數量的次數（6~12次）最利於練出強壯肌肉，而次數較多（15次以上）時練肌肉的效果反而會弱化。因此女性可以選擇輕重量，但重複次數多的負重訓練方式，比較不容易變成肌肉女。

不管採用什麼鍛鍊方式，每做完一組練習大家都需要讓肌肉休息一下，而這個休息時間對肌肉生長的影響也不小。如果把休息時間分為短（少於30秒）、中（60~90秒）和長（180秒以上）三種類型，中等長度的休息時間是最利於肌肉養成的，這種情況下肌肉既可以從疲憊中恢復過來，肌肉中的各種有利於肌肉生長的代謝產物水準又可以一直維持在較高的濃度[5]。而不想練肌肉的妹子則要採用長休的方式，讓利於肌肉生長的代謝物有足夠時間降解，從而緩解肌肉生長的效果。

鍛鍊時動作的重複頻率也很重要。動作頻率越快，越容易營造肌肉中的缺血、缺氧狀態，而這兩者對於肌肉的養成都有促進作用[6]。所以不想長肌肉的女生鍛鍊時應當把動作的重複頻率控制在較低的水準，使肌肉保持較好的氧氣供應狀態。

此外，想要練出強壯的肌肉，不但需要長期大強度的科學訓練，還要配合嚴格的高能量、高蛋白飲食才能達到最好效果。避免高蛋白飲食，也是不想肌肉過於強壯的女生們應該注意的。

謠言粉碎。

總之，女性不用太擔心。除了有先天的「劣勢」之外，你們偏愛的低強度、休息時間長和慢速重複性的運動方式更不易引起肌肉的增大，尤其當你最喜歡的鍛鍊方式是長跑或騎車的時候。

P.S.整天嚷嚷著怕練出肌肉，其實是為不想運動找藉口吧？

## 參|考|資|料


[1] Deschenes M, Kraemer W J, Maresh C M Crivello J F. Exercise induced hormonal changes and their effects upon skeletal muscle muscle tissue. Sport Med. 1991.

[2] Kraemer W J, et al. Changes in hormonal concentrations after different heavy-resistance exercise protocols in women. J Appl Physiol. 1993.

[3] P.V.Komi. Strength and Power in Sports. Blackwell scientific Publications. 1992.

[4] McDonagh M J, C.T. Davies. Adaptive response of mammalian skeletal muscle to exercise with high loads. Eur J Appl Physiol Occup Physiol. 1984.

[5] Stull G.A. D.H. Clarke. Patterns of recovery following isometric and isotonic strength decrement. Med Sci Sports. 1971.

[6] Nogueira W, et al. Effects of power training on muscle thickness of older men. Int J Sports Med. 2009.

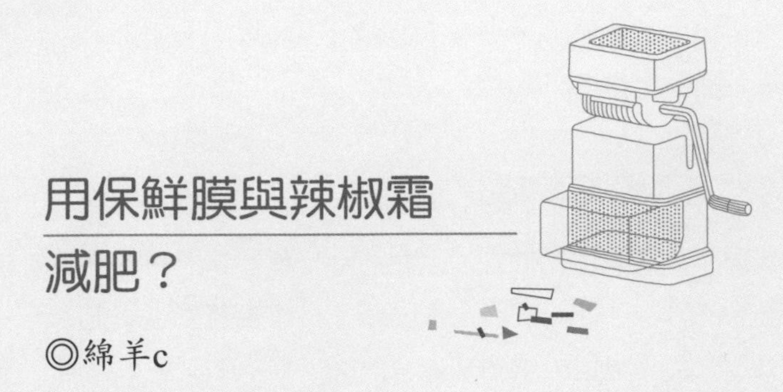

# 用保鮮膜與辣椒霜減肥？

◎綿羊c

運動時用保鮮膜包住想瘦的部位可以提高局部溫度，大量排汗以達到燃燒脂肪的效果；而辣椒霜可以促進血液迴圈，幫助脂肪燃燒，瘦身纖體。

# 危言聳聽，身體請注意

保鮮膜與辣椒霜是不少減肥攻略推崇的減肥方法，不過它們的效果可經不起科學的拷問。

## 保鮮膜：高溫出汗不減脂

保鮮膜的透氣性比較差，因此運動時裹在身上確實會提高局部體溫，身體為了散熱便會大量出汗。出汗後體重可能會減輕，因此很多人便覺得這樣減肥確實有效果，卻不知減輕的重量主要是身體損失的水分，補充水分以後重量就又回來了，而脂肪細胞裡的脂肪是不會跟著汗水一起跑掉的。

有人不禁要問，那提高溫度可以加速新陳代謝，總能促進脂肪燃燒了吧？其實，脂肪的消耗與人體很多其他生理過程一樣，牽扯到精密準確的調控過程，而高溫對這個過程來說不見得是好事。

## 脂肪的「燃燒」

人在運動時，為肌肉提供能量的主要是兩種物質：糖原和脂肪酸。糖原來自於碳水化合物，而脂肪酸則是由甘油三酯分解而來。儲存在脂肪組織中的甘油三酯在分解為脂肪酸後，會由血液運送到需要能量的肌肉部位，是運動時脂肪酸的主要來源。除此之外還有一些脂肪酸分解自血液和肌肉組織中的甘油三酯[1]。脂肪酸被肌肉細胞吃進細胞質裡，經過一系列轉化後會被運進「能量工廠」線粒體中，最終變為細胞可以直接使用的能量。

有不少科學家一直在研究影響脂肪酸氧化速率的因素。例如，有研究指出當人的運動強度由低強度（25%最大耗氧量）增加到中等強度（65%最大耗氧量）時，脂肪酸的氧化速率一直在上升，但當運動強度很高時（85%最大耗氧量）脂肪酸的氧化速率反而會下降，糖原的消耗量則大幅上升[2]，因此中低強度的運動較適合脂肪酸的消耗。除此之外，還有些研究指出運動的模式和飲食習慣都可能會影響脂肪酸的氧化速率[3]。但在眾多研究中並沒有與體溫相關的內容，沒有所謂提高溫度可以加速脂肪酸氧化的證據。

其實脂肪「燃燒」的過程中有許多重要的酶參與，而人體內的酶對反應條件十分敏感，通常而言最佳溫度在35~40℃之間，一旦超過40℃酶活性就會劇烈下降，甚至酶本身也會分解。因此保鮮膜裹住肌肉造成的局部高溫不一定能促進脂肪消耗，卻很可能起到反效果。

## 辣椒霜：被誤解的作用

辣椒霜中的主要有效成分也是在吃辣時讓你涕淚橫流的「罪魁禍首」——辣椒素。無色無嗅的辣椒素會讓哺乳動物有火辣的灼燒感，是因為它可以刺激感受神經上的一種叫作TRPV1的辣椒素受體，同時釋放出一種與痛覺密切相關的P物質。P物質有擴張血管、加速血流的作用，所以被辣椒素刺激的部位會變紅發熱[4]。這樣的反應和運動以後身體的發熱很像，可能因此讓人誤以為能起到和運動一樣的減肥作用。殊不知，運動減肥的真正原因是消耗了大量的能量，發熱只是伴隨產生的現象。擴張血管、加速血流或許會在一定程度上加快局部的新陳代謝，但並沒有研究表明在皮膚上塗抹辣椒素會有顯著的減肥效果。

實際上，確實有藥用的辣椒霜，不過不是用來減肥，而是用來——止痛！出人意料吧，辣人的辣椒素竟然也能止痛？這是因為通過辣椒素刺激神經可以讓產生痛覺必不可少的P物質釋放出去，於是在P物質重新合成積累的這個過程中，人對疼痛就沒那麼敏感了，從而起到了止痛的作用。

目前也有一些研究指出，辣椒素可能具有減肥作用，只不過不是用塗抹辣椒霜的方式，而是直接服用[5]。但要最終確認有效，並作為安全的藥品用於減肥，還需要進一步的研究，並通過藥物監管部門嚴格的安全性和有效性的審批。如果因為這些初步的研究，你就大吃特吃辣椒，妄想減肥的話，粉碎機要提醒你，減肥不見得有效，「菊花」是一定會辣的！

## 科學地「燃燒」脂肪

無論是利用保鮮膜加溫出汗還是塗抹辣椒霜都不是什麼可靠的減脂辦法，不過瞭解了脂肪分解的特點，科學地指導消脂並不是不可能的事。

就運動模式而言，如前文提到的，脂肪酸的氧化速率在高強度運動中會降低，但在低強度和中等強度的運動中較為理想，消耗速率的峰值發生在大約是運動強度為65%最大耗氧量的時候。因此想要減肥的你記得不要選擇強度過大的運動。除此之外，耐力訓練（如長跑）也可以通過促進肌肉中的微血管增生和線粒體中蛋白質的增加，來顯著提高脂肪酸氧化速率的峰值[6]，所以跑步是減脂的好選擇哦。

另外飲食習慣也很重要。如果在運動前攝取碳水化合物，會顯著降低脂肪酸的消耗速率[7]，這種抑制作用對中低強度的運動尤其明顯，而且抑制作用可以持續長達六個小時。想減肥的你在運動前可以減少碳水化合物的攝取，而以蛋白質、纖維素比較豐富的食物為主。不過需要提醒的是，完全不攝取碳水化合物是危險和不科學的，由此導致低血糖帶來的危害更大。

A

謠言粉碎。

保鮮膜的作用是提高局部溫度，增加排汗。目前還沒有研究表明提高溫度可以促進脂肪消耗，而排汗帶來的體重減輕也只是由於失水而非減脂。辣椒霜能夠擴張血管，促進血液循環，同樣沒有證據表明它具有消脂的功能脂肪燃燒真的——只是個比喻，不是熱了燙了辣了就代表燒起來了呀！

## 參|考|資|料

[1] Jeppesen J, B Kiens, Regulation and limitations to fatty acid oxidation during exercise. J Physiol. 2012.

[2] Romijn J A, et al. Regulation of endogenous fat and carbohydrate metabolism in relation to exercise intensity and duration. Am J Physiol. 1993.

[3] Achten J, A E Jeukendrup. Optimizing fat oxidation through exercise and diet. Nutrition. 2004.

[4] Hayman M, K.P.C.A. Capsaicin: A review of its pharmalogy and clinical applications. Current Anaesthesis & Critical Care. 2008.

[5] Lejeune M P, E M Kovacs, M.S. Westerterp-Plantenga. Effect of capsaicin on substrate oxidation and weight maintenance after modest body-weight loss in human subjects. Br J Nutr. 2003.

[6] Hurley B F, et al. Muscle triglyceride utilization during exercise: effect of training. J Appl Physiol. 1986.

[7] Kirwan J P, D O' Gorman, W J Evans, A moderate glycemic meal before endurance exercise can enhance performance. J Appl Physiol. 1998.

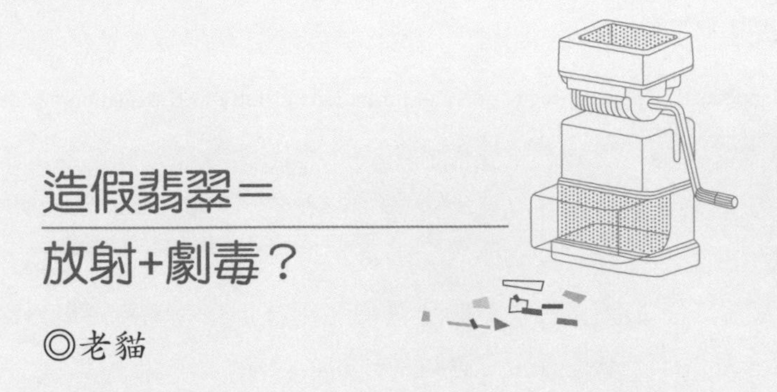

# 造假翡翠＝放射+劇毒？

◎老貓

黑幕揭秘！爛石頭也能變成翡翠玉鐲！市面上出售的一些翡翠雖然看上去物美價廉，但是要小心了，它可能是會釋放出放射性元素的高致癌化學「寶貝」！

的確有不少黑心商人濫竽充數，欺騙缺乏翡翠玉石鑒定能力的消費者，網路上那些展現石頭變翡翠組圖也是常年以來翡翠加工處理的過程，不過加工後的翡翠並非像流言裡說的那麼可怕。

## 翡翠的加工與分級

翡翠是一類輝石類礦物所組成的岩石，產生於低溫高壓下形成的變質岩中。根據形成條件的不同，岩石內各種礦物晶體的大小、裂隙的多少、岩石的緻密程度等都有很大的區別。少部分翡翠天生緻密、細膩、透明度好，受到大家的喜愛和推崇，價格自然也就不菲。但大多數翡翠的品質和品相並不讓人滿意，於是誕生了一系列加工優化低品相翡翠原石的手段。

對翡翠市場有所關心的人一定知道翡翠分A貨、B貨和C貨，但是相信許多人並不清楚這裡的ABC分別代表什麼意思。所謂的B貨翡翠指的是經過漂白（Bleached）填充處理的翡翠，而C貨翡翠指的是經過上色（Coloured）處理的翡翠。而A貨翡翠才是沒有經過漂白上色處理、貨真價實的天然翡翠。網路上流傳的組圖，正是標準的B+C處理，即對粗糙的低品相翡翠同時進行漂白填充與上色處理的過程。

## B貨C貨並不那麼危險

需要指出的是，即使是經過最複雜的B+C處理，得到的翡翠確實多了填充物，但石頭本身還是安全的，我們可以來分析一下幾種處理過程。

**1. 漂白：**用來漂白翡翠原石的試劑並不像流言所說的是「強酸以及包含大量放射元素的化學製劑」，而只是強酸——工業用的濃鹽酸。漂白的作用是利用強酸將翡翠原石的氧化鐵等雜質去掉，使它不再表現出難看的棕黑色。為了保證接下來的處理能夠正常進行，經過酸洗之後的翡翠需要多次漂洗，完全除去殘餘的酸，因而酸洗過程並不會讓玉鐲帶上什麼對我們有害的物質。

2. **染色**：染色是將染色劑注入到翡翠的縫隙中，使之帶上消費者想要的顏色。酸洗會給翡翠留下很多微小的空隙，這給上色工作帶來了很大便利，在酸洗處理過的翡翠上上色就像用水彩給粉筆上色一樣簡單。我們最初用的染色劑是三價鉻離子無機鹽，但因為能用查爾斯綠色鏡（一種簡單的寶石鑒定儀器）鑒別出來，所以在1980~1990年代已經被淘汰了。現在的翡翠染色常用的是各種有機染色劑，例如服裝染料。這些染色劑本身或多或少對人體會有一些毒害，但因為日常生活中脫落並且能被皮膚吸收的劑量十分小，所以一般也被認為是安全的。

3. **填充**：填充是將透明的樹脂注入到原石的縫隙中去，提高翡翠的透明度（水色）。填充用的樹脂並不像流言裡說的那麼可怕，只是一些高分子材料而已，最常見的是環氧樹脂，此外還有可能是Opticon（一種含有環氧樹脂的無色合成樹脂）或者聚苯乙烯等。雖然說這些樹脂的單體，例如氯環氧丙烷、雙酚A，聽上去都是挺可怕的東西，但事實上交聯之後的高分子樹脂性質穩定，相當安全。這些材料在我們的日常生活中也十分常見，例如鋁制易開罐內壁上覆蓋的膜就是由環氧樹脂製成的，而包裝上常見的泡沫塑料是由聚苯乙烯製成的。雖然樹脂的各項指標可能達不到食品包裝標準，但僅僅用來佩戴的話，也不會對我們造成大的傷害。

謠言粉碎。

雖然翡翠的B+C處理的確讓人覺得像是破石頭大變身，但這只是一種正常的低品相翡翠處理加工方式而已。加工過程中用到了諸如濃鹽酸這種有強腐蝕性的物質、染料和合成樹脂，不過加工完成後的B+C貨翡翠並沒有額外的輻射和劇毒物，也不會給佩戴者帶來顯著的傷害。只是有些不法商販會用B貨、C貨或者更便宜的B+C貨翡翠來冒充A貨翡翠牟取暴利，所以購買者還須擦亮眼睛。

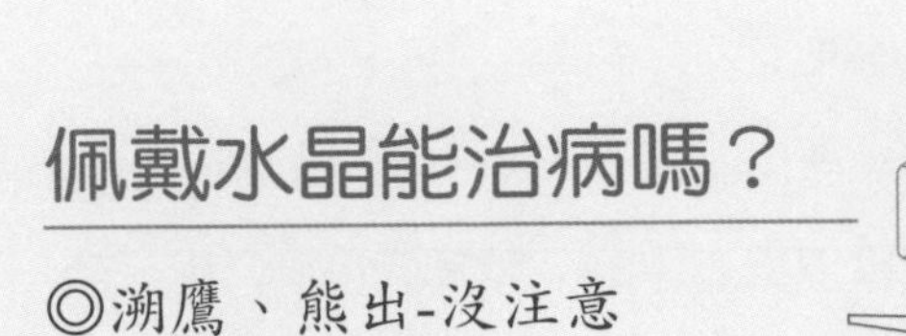

# 佩戴水晶能治病嗎？

◎溯鷹、熊出-沒注意

在寶石、晶體的市場上，我們可能聽說過很多這樣的宣傳：滋養人體的「能量」、呵護精氣的「力場」、對治療某病症有奇效的「作用」等等。

我們今天就來看個究竟——礦物，有這麼神奇嗎？

## 佩戴礦物就能保健？不可能

礦物，被定義為天然產出、在正常情況下以固態產出的無機化合物。換句話說，只要不是人造的，而又能被人們用一套化學結構式表示出來的無機物，就是礦物。礦物是否有「能量」或者「場」？有。而且，這些東西也還真的既看不見又摸不著。只不過，當你佩戴礦晶首飾的時候，這些「能量」無論如何也不會對你產生有效的作用罷了。

礦物身為晶體，它們所含有的能量是以離子鍵或共價鍵的形式儲存在自己晶格中的。如果這部分能量真的能夠拿來「用於人體的保健」，那麼你也得首先把晶體的結構給徹底破壞掉，讓化學鍵斷裂，才能獲取這些能量。當你佩戴晶體時，晶體的化學鍵只會維持著自己的晶格，無法對你的身體產生無論是正面還是負面的影響。

也許有人會好奇有沒有可能是礦石的放射性能對佩戴的人有作用，但其實放射性礦物在世界上並不常見。常見的水晶、碧璽以及各種常見寶石幾乎沒有放射性，常見礦物中，只有部分天然鋯石（而非人工合成的立方體氧化鋯，即日常裝飾品上所點綴的「鋯石」）和少量特殊的螢石具有放射性風險——當然，各種專門的鈾礦石、稀土元素礦石除外。

## 對人體健康有貢獻的礦物

到這裡，流言看似很簡單就被破解了：「礦物晶石本身是不會對人體產生直接治療功效的」。是嗎？不，今天我們的回答可要反一反常態。我們說：礦晶不但可以，而且還很廣泛地、甚至直接地參與人體的醫療過程。只不過，這些礦晶，不是水晶，不是碧璽，不是任何絢麗的珠寶。而是石膏、重晶石、光鹵石、方解石、磷灰石、鋰雲母這些平凡的礦物。讓我們來認識一下它們。

1. **石膏：**儘管是一種美麗的晶體，但在生活中，由於它的硬度很低，無法進入飾品圈。陸內的鹽湖、潮灘的上部區域，都是石膏大量產出的環境。石膏是一種極軟的礦物，作為摩氏硬度2級的標度礦物，石膏晶體甚至可以用指甲輕易劃動，這種低硬度的特性使它贏得了雕塑家們的青睞。

石膏對於健康的貢獻來自於它們在骨折固定中的應用。所謂骨折固定，是指將骨折處維持在復位後的位置，使其在良好對位元的情況下達到牢固癒合。該處理過程是骨折癒合的關鍵。而石膏固定便是骨折固定中很常見的一種方式。人們首先將石膏脫水，制為熟石膏（Anhydrite，$CaSO_4$），並將其細粉末散佈在特製的紗布繃帶上，做成石膏繃帶。這種塗滿熟石膏的繃帶，經過浸水之後會迅速重結晶為含水的石膏，在五到十分鐘之內變硬、成形。可想而知，當這種熟石膏繃帶實際應用於患者肢體時，便會迅速地固化為患肢堅實的支撐了。石膏極低的硬度以及這種極易水化、脫水化的特性，使得它可以根據肢體的形狀任意塑形，並在塑形之後迅速提供可靠的、能夠維持較長時間的固定力。

**2. 重晶石：**說起石膏，也就不能不提一下同屬硫酸鹽大類的重晶石（Barite，$BaSO_4$）了。Ba2+離子賦予了它極高的比重，重晶石之名也因此而來。作為一種低溫熱液蝕變礦物（地殼中離子濃度較高的流體，與構成其通道的基岩發生反應而生成的產物），它的身影顯然不如石膏一樣遍佈地表，然而，在醫療上，重晶石硫酸鋇，卻有著不輸於石膏的普遍應用——它可以作為X光檢查中的一種造影劑，用於消化道的影像檢查。沒錯，當我們把重晶石和硫酸鋇再換一個更熟悉的名稱表達出來時，可能你就會不禁莞爾了——它，就是人們俗稱的「鋇餐」。

鋇餐的核心機理，在於它可以在X光下使消化道的輪廓平滑連續地顯影。而硫酸鋇不溶于水和脂質，在消化道內不會被吸收，因此對人基本無毒性，使它最終得以廣泛地應用於醫療。醫學告訴我們，發生病變的消化管內壁會發生外形上的改變。於是，當患者服用一定量的醫用硫酸鋇混濁液時，消化道輪廓改變與否，怎樣改變，便可以由「鋇餐」顯影，從而直接為醫生初步判斷疾病提供直觀的資訊。

在鹽湖中，還有與石膏相伴生的光鹵石（Carnallite，$KMgCl_3 \cdot 6H_2O$）與鉀鹽（Sylvite，KCl）。對鹽湖中「淚滴構造」有印象嗎？從外向內，分別是碳酸鹽、硫酸鹽，直到蒸發最甚之時沉積的鹵化鹽。沒錯。作為鹽湖終了期的產物，鹵鹽開始大規模析出。石鹽、鉀鹽、光鹵石，都是這個時期最典型的代表。鉀鹽和光鹵石對人類重要的意義之一，便在於它們是提煉氯化鉀的直接原料。

3. **氯化鉀：**雖然是一種簡單的鹵鹽，但它可以作為臨床上常用的電解質平衡調節藥，廣泛應用於各個科室的醫療工作中。鉀離子是人體內非常重要的一種物質，它可以維持細胞的正常代謝、維持神經肌肉組織的興奮性，以及維持心肌的正常功能等。當血液中的鉀含量過低時（小於3.5mmol/L），可產生噁心、嘔吐、心律失常、肌無力甚至呼吸困難等症狀。因此，氯化鉀可以用於治療和預防各種原因（長期進食不足、嘔吐、應用利尿劑、大量輸注葡萄糖和胰島素）引起的低鉀血症。更不提氯化鉀還可以用於治療洋地黃中毒引起的快速性心律失常了。氯化鉀對人體的作用是如此之大，有了「生命之鹽」的美譽。

我們在這裡舉出的幾種礦晶，遠不足以囊括礦物之於人類醫療保健的重要作用。在它們之外，還有以方解石為原料所製備出的氯化鈣，可用於治療由於低鈣引起的各種疾病（手足抽搐症、腸絞痛、滲出性水腫、瘙癢性皮膚病等）；金紅石、鈦鐵礦作為鈦的幾乎唯一來源，用於製備人造鈦金骨骼；鋰輝石、鋰雲母這些鋰礦蘊含著對治療抑鬱症至關重要的鋰等。

謠言粉碎。

佩戴各種寶石礦石無法給人帶來任何保健作用，但是在醫療上有很多礦石都扮演著重要的角色。

# 穿高跟鞋會影響食慾嗎？

◎林竹蕭蕭

Q

女性穿高跟鞋時足部受到擠壓，導致整個足部和腿部的血液循環不暢，並由此導致攝食中樞供血不足，引起腸胃失調乃至厭食。如果本身就有胃痛、愛鬧肚子之類的小毛病，一定不能長時間穿高跟鞋。

這則流言的中文原始版本是在說，日本一個研究發現給孩子穿鞋碼過小的鞋子影響孩子的食慾[1]，幾經演繹最終成了「穿高跟鞋導致厭食」這個版本。不過，以「日本」、「兒童」、「鞋碼」、「食慾」、「外周迴圈」這幾個關鍵字的組合，分別用英文、日文進行普通搜索或學術搜索都沒能夠找到原始研究論文。

## 一個不靠譜的「常識」

高跟鞋讓下肢血液循環不良似乎已經是個常識了，但這個「常識」在研究證明上並不是這麼。2006年，巴西科學家們把一些抱怨腿腫或是腿使不上勁兒的女性找來做實驗，測量她們穿著高跟鞋（跟高7cm）走路和走完停下來時下肢靜脈的壓力。令人出乎意料的是他們發現當女性穿上高跟鞋走路時，腿部肌肉的負荷更大，小腿肌肉在收縮舒張過程中的壓力變化要比赤腳走路更大。不僅如此，當走完一定距離後停下來，穿著高跟鞋的被試者的小腿靜脈壓力更低[2]，而這些對於靜脈血液回流而言都是有利的。

當然，並不是所有的研究都得到了一致的結果。在同樣來自巴西的另一項實驗中，研究者比較了赤腳、高3.5cm的高跟、楔形鞋以及高7cm的高跟鞋幾種不同情況下，小腿肌肉收縮時靜脈回流的情況。但科學家們這次卻從一些反映靜脈功能的指標發現，與赤腳相比，鞋跟越高靜脈回流就越不好，而且即便只是穿上3.5cm跟高的鞋，這樣的影響就已經存在了[3]。

如果細分析這兩項研究，不難發現它們都是在穿高跟鞋走路和短時間靜止這些情況下開展的。實際上，下肢長時間靜止（久坐、久站）對下肢靜脈回流的影響更大，這類情況下穿高跟鞋到底對靜脈回流有何作用，暫時還沒有相關研究可以考證。

在有關高跟鞋對下肢肌肉運動、靜脈功能影響的研究裡，並不能找到趨於一致的結論，但可以肯定的是很多以「常識」推測的結果與科學研究實際觀察到的結果並不一致。高跟鞋對下肢血液循環的影響，保守地說還有待更深入的研究。與高跟鞋相比，長時間站立、糖尿病、超重等因素與下肢血液循環障礙的聯繫則明確得多，並有大量研究結果支持[4]。

## 血液循環與食慾

食慾受到了太多因素的影響，它一方面聽令於大腦中樞（攝食中樞和飽食中樞），但同時也受到神經、激素（例如胃饑餓素）、精神和其他疾病的影響。但四肢血液循環障礙對食慾的作用卻尚無直接證明。

一項泰國的小樣本人群研究發現，足部按摩能夠改善局部血液循環，同時還能減緩心跳和呼吸頻率。研究人員推測足部血液循環可能是通過植物神經系統（例如迷走神經反射）來影響胃腸道蠕動和食慾[5]。但這只是理論假說，而非實證，更不能因此推出「下肢血液循環不暢會使得攝食中樞供血不足」這樣機制性的解釋。

攝食中樞位於大腦下丘腦外側區，與足部相距甚遠，兩者只能通過神經、激素或其他間接機制來建立聯繫。如果下肢血液循環真的能夠對攝食中樞產生影響，那其究竟是導致攝食中樞缺血還是影響中樞相關激素分泌或是有其他作用，都是需要實驗資料來證明的，毫無依據地選擇相信某一種假說是不科學的。

# A

謠言粉碎。

通過分析我們可以發現，這則流言最大的問題是在沒有明確實驗支援的情況下，「推測」高跟鞋可能對食慾的作用，並「誇大」了其影響。對於大多數人而言，與其過分在意一些並沒有被證明的細枝末節，倒不如平時多運動鍛鍊以及保持健康心態。這些生活方式的改變對保證良好食慾有著更為確鑿的效果。而且跟高跟鞋相比，腳臭對他人食慾的抑制作用應該更確切吧。

P.S.因本文主題關係，文中並未涉及高跟鞋本身對健康的不利影響，大量資料顯示高跟鞋會改變足底受力分部，對於腳趾形態、骨骼形態是有著明顯影響的。尤其骨骼尚未發育完全的女性而言，還是應儘量避免長時間穿高跟鞋。

## 參|考|資|料


[1] 久穿高跟鞋可能會厭食，人民網。

[2] Poterio-Filho J, et al. The effect of walking with high-heeled shoes on the leg venous pressure. Angiology. 2006.

[3] Tedeschi Filho W, et al. Influence of high-heeled shoes on venous function in young women. J Vasc Surg. 2012.

[4] Bartholomew J R, et al. Varicose veins: newer, better treatments available. Cleve Clin J Med. 2005.

[5] Jirayingmongkol P, et al. The Effect of Foot Massage with Biofeedback: A Pilot Study to Enhance Health Promotion. Nursing & Health Sciences. 2002.

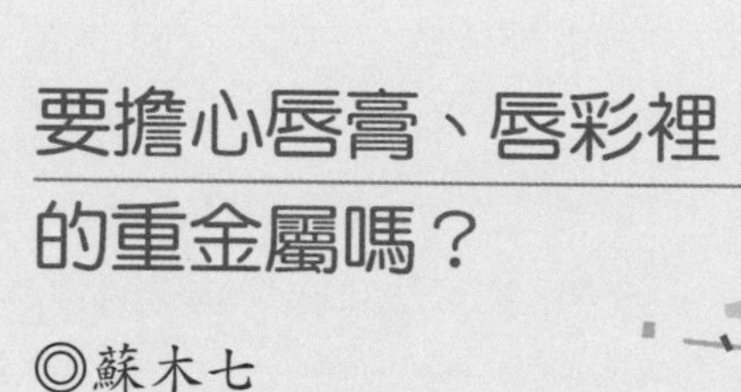

# 要擔心唇膏、唇彩裡的重金屬嗎？

◎蘇木七

加州大學伯克利分校公共衛生學院的研究人員撰寫的一份報告引發大家對唇膏、唇彩中重金屬的擔憂[1]，媒體紛紛報導「唇膏、唇彩被爆含有毒重金屬存致癌隱患」、「塗重金屬含量高的唇膏唇彩等於吃毒藥？」這樣的標題到底是博人眼球還是恰如其言？

這篇發表在《環境與健康展望》（Environmental Health Perspectives）上的報告介紹了唇部彩妝中九種金屬的安全限量及毒性，並估計了每日使用它們是否會帶來健康風險，而非簡單地說唇膏、唇彩有毒。

這項研究分為三步：

1. 檢測唇膏、唇彩裡的金屬含量。
2. 結合產品的每天使用量，估計人體攝取的金屬量。
3. 將每天攝取的金屬量和一些已知的安全標準做比較。

## 研究方法

研究者調查並購買了十幾名亞裔女孩日常使用的唇膏、唇彩品牌，包括7家公司生產的8種唇膏和24種唇彩。對每樣產品分別取樣後，採用美國國家職業安全衛生研究所（NIOSH）頒佈的方法測定其中金屬元素含量，包括鋁、鉻、鎘、銅、錳、鎳、鉛、鈷和鈦。

實驗調查了32種唇膏、唇彩產品中金屬檢出比例和平均值，單位：ppm（w/w）。資料表示每克樣品裡含有百萬分之幾克的金屬。

計算產品每天使用量時，研究者採用的是2005年的一項對360名不同地域的美國女性的研究結果。她們每天平均使用24毫克產品，重度使用者每天約使用87毫克。本次，研究者大膽假設了極端情況——產品裡的所有金屬都被人體攝取，相當於把塗在嘴唇上的唇膏、唇彩全吃下去了。

## 比較標準

美國並未對化妝品裡的金屬含量設定安全標準。為了評估這些金屬的攝取量，研究者找了一些別的標準，用來計算這些金屬每日允許攝取量。

對於鋁、鎘、銅、鎳、鉛，研究者採用了加州環境署制定的飲用水公共健康目標的標準[2]。每種元素的攝取量對應一個未發現副作用（NOAEL）或最低副作用（LOAEL）的值，高於此數值被認為是不安全的；計算每日容許攝取量ADI時也將個體差異等不確定因數考慮在內，並假定使用者體重為50公斤。ADI計算方法：

**ADI= NOAEL或LOAEL/不確定因數**

對於鉻的ADI計算參考了六價鉻的致癌風險評估；錳沒有相關的公共健康目標資料，採用了加州的暴露參考水準（Reference Exposure Level，REL），其ADI相當於吸入20立方公尺的空氣裡的錳。鈷和鈦則沒有類似的參考資料，研究者也未作評估。

## 結果解讀

要使化妝品裡完全沒有重金屬是不可能的，重金屬在自然界廣泛存在，人們通過空氣、飲水、食物接觸到它們。化妝品裡的重金屬來源於生產原料，以及生產包裝過程中混入的環境雜質。檢測出重金屬並不意味著需要恐慌，值得關注的是其含量是否在安全範圍內。然而，目前並無一套統一的標準對化妝品中金屬的安全性進行評價，這給各界人士都帶來了困擾。

**鉛**：不同產品中鉛含量所對應的標準是不同的。例如，美國食品藥品監督管理局（FDA）規定糖果中鉛含量不得超過0.1ppm，但未對化妝品做出規定。FDA曾解釋說，這是因為前者糖常由兒童頻繁食用，而後者僅供外用。本次被檢唇膏、唇彩裡的含鉛量平均為0.36ppm，其中有47%的產品含鉛量高於0.1ppm。鑒於鉛對兒童的危害比成人嚴重，該檢測結果進一步警示人們，不要將唇膏、唇彩等化妝品給小孩子使用或玩耍。

不過從另一些標準來看，唇膏裡的鉛又不算超標。例如聯合國糧農組織和世界衛生組織食品添加劑聯合專家委員會在2010年確定的鉛「暫定每週耐受攝取量（PTWI）」為25 μg/kg，以體重50kg計算，每天攝取鉛的上限是178 μg，遠高於本次研究中重度使用者的每天攝取量（每天0.031 μg）。當然這也不表示我們可以完全對唇膏、唇彩裡的鉛放心。目前公認的觀點是，並沒有一個安全的鉛攝取閾值，鉛的攝取量越少越好。

歐盟不允許化妝品中含有鉛（染髮劑除外），而美國則未對此做出規定。也曾有組織呼籲FDA對相關指標建立法規。就此問題，果殼網對本報告的第一作者、加州大學伯克利分校公共衛生學院劉颯博士進行了採訪。劉颯博士說：「作為研究者，我們不會（用這篇報告來推動立法）。研究的目的是發現真相以及事實後面事物之間的關係。研究者有義務和責任將研究的發現傳達給公眾以及政府部門。公共衛生政策不是我們研究小組的工作方向。」

**鎘**：吸入鎘與肺癌以及呼吸系統損傷相關，經口攝取可能引起腎臟和骨骼損害。動物實驗亦表明，鎘對年幼動物的傷害較大。本次只有47%的產品中檢出鎘，並且重度使用者每天的攝取量也低於每日容許攝取量ADI。考慮到鎘也可能來自空氣、食物和飲水等來源，研究者又引入20%ADI作為比較點。在重度使用的情況下，有十款產品的含鎘量超過了20%ADI。

**鉻**：六價鉻是致癌物，吸入可導致肺癌，飲水攝取可增加胃癌風險。每天使用24mg唇膏、唇彩的情況下，鉻平均攝取量超過了20%ADI，其中十款超過ADI；每天使用87毫克的情況下，22款產品會使攝取量超過ADI， 只有三種未超過20%ADI。不過該研究並沒有區分六價鉻與毒性較小的其他形式的鉻，產品中六價鉻的比例並不清楚。總之，鉻的高含量與六價鉻需引起人們重視。

**鋁**：鋁並非重金屬，只是大量攝取鋁也是有毒的，也有檢測的必要。每種產品中都檢出了鋁，其中一種產品在重度使用時會超過ADI，且63%的產品超過了20%ADI。但考慮到消耗量，和食物裡的鋁相比，化妝品還是小巫見大巫了。或許我們更應留意一下食物中的鋁。

**錳**：錳是人體必需微量元素之一，作為輔酶因數參與一些生化反應。但是職業暴露中吸入高濃度的錳可能會影響神經功能，飲水中的錳也可能影響兒童的神經行為。這顯示經口攝取和吸入這兩種不同的途徑都會對人體造成損害，只是目前並沒有相關的量化方法對比這兩種途徑的攝取量和作用效果，研究者假定這兩種途徑並無明顯差異。按照吸入攝取量的標準，有七種產品的攝取量在每天使用87mg時超過了ADI。

**銅和鎳**：有72%和97%的產品中檢測到了銅和鎳的存在，產品中它們的每日攝取量遠低於ADI。

**鈷和鈦**：目前，這兩種金屬沒有可供比較的安全標準。

## 我們該棄用唇膏、唇彩嗎？

如前所述，僅僅因為在化妝品中「檢出」了重金屬而恐慌，是沒有必要的。我們呼吸的空氣、喝進去的水、吃下去的食物都會「檢出」一定量的重金屬。我們的身體還需一些必需的金屬元素來進行生化反應。化妝品裡有重金屬並不可怕，重要的是其含量是否在安全範圍內。

本研究採用了諸多假設，研究手段也有待改進之處[3]。研究者假定塗上的唇膏、唇彩裡的金屬物質全被人體攝取，這在一定程度上高估了金屬的攝取量。不是每個人都像賈寶玉一樣喜歡吃抹在嘴上的「胭脂」。研究者採取的樣本處理方法並沒有使樣品完全溶解，這可能會導致其中的金屬含量被低估。

因此還要進行更多的研究來準確評估通過唇膏、唇彩攝取的重金屬量，以及它們對人體的影響。

對於鎘、鉻、鋁和錳，研究結果暗示它們在唇部產品裡的含量可能會對人體有害，但還需進一步研究以確定其濃度和安全範圍。

從這項研究中得到的正面資訊是，不管是聯合國糧農組織和世界衛生組織的「暫定每週耐受攝取量」，還是更為嚴格的加州環境署制定的「飲用水公共健康目標標準」，唇膏、唇彩裡的含鉛量都是遠低於標準的。就算該研究中鉛含量被低估，轉而考慮2011年FDA的研究資料，那麼即使是含鉛量最高（7.19ppm）的產品，按照加州環境署制定的標準，仍然在ADI範圍內。當然，如果考慮20%ADI，還是有不少產品超過這一數值的，FDA的資料在選擇唇膏時可作為參考。

謠言粉碎。

研究者自己也承認，這只是一項初步的、探索性的研究，並無必要因為這一結果而棄用唇彩、唇膏，每天正常使用兩到三次並無大礙，要注意的是一天用好幾次每次塗很多的重度使用者。不管怎樣，少用總是明智的。我們沒法通過少呼吸點空氣少喝點水來減少重金屬的攝取量，至少可以少用點含重金屬的彩妝產品。

無色潤唇膏會含有較少的有毒金屬嗎？劉颯答道：「『金屬痕跡無處不在、無法避免，比如空氣中、水中與食物中。』個人護理用品協會（PCPC，一個化妝品行業協會）的工作人員是這麼說的。如果這是真的，那就難以猜測潤唇膏中的金屬濃度。」

## 參|考|資|料

[1] Sa Liu, S. Katharine Hammond, Ann Rojas-Cheatham. Concentrations and Potential Health Risks of Metals in Lip Products.Environ Health Perspect. 2013.

[2] 食物環境衛生署食物安全中心，食物中鋁的含量，2009。

[3] FDA. Lipstick & Lead: Questions & Answers.

# 自測化妝品的抗氧化能力，真的假的？

◎瑞可

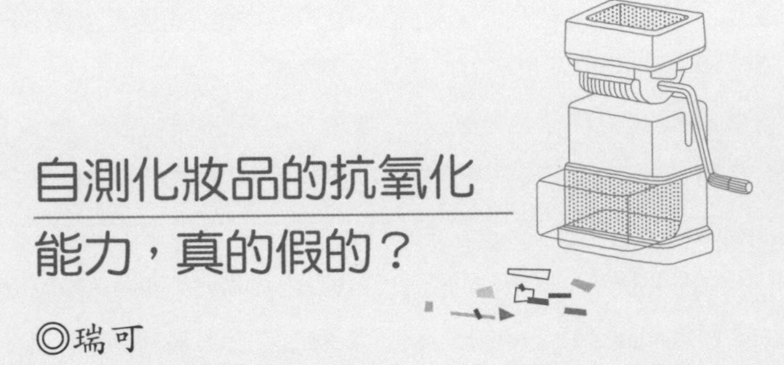

Q

在美容網站和雜誌上，我們經常會看到各種化妝品評測，比如說抗氧化能力測試。最常見的方法是使用蘋果或者碘酒。蘋果測試是這樣的：蘋果對半切開，把待評測產品塗在切面上，蘋果變黃速度慢說明產品抗氧化性好。碘酒測試則是更專業的升級版測試：碘酒加入水中，配成淡棕色的碘酒水溶液，然後將一小勺產品加入碘酒水溶液中，很快碘酒水溶液的淡棕色褪去。褪色越快，產品抗氧化能力越好。

這類評測可信嗎？在回答這個問題前，我們還是先來瞭解一下抗氧化是怎麼回事，與皮膚又有什麼關係。

化妝品行業中最早所指的「抗氧化」是指通過抗氧化劑來保持料體的穩定性。例如，很多植物油含有不飽和的雙鍵，會被氧氣氧化而酸敗變質；很多活性成分，如維A醇等，在有氧氣的條件下不穩定，也需要抗氧化劑來穩定活性。常用的抗氧化劑包括亞硫酸鈉，BHT（Butylated Hydroxytoluene，2,6-二第三丁基對甲酚）等。

隨著化妝品行業的發展，「皮膚需要抗氧化」的概念被引入了。人們將食品及醫藥行業中的抗氧化劑加入到化妝品中，通過外用來增強皮膚的抗氧化能力，希望達到更好的美白和抗老化能力。這源於與衰老相關的自由基理論。自由基學說的創始人哈曼（Denham Harman）認為衰老與體內的氧自由基過多和（或）清除能力下降密切相關，自由基直接決定人體的健康及衰老。人體清除自由基的能力也就是抗氧化能力。同時，年齡越大，人體抗氧化能力就越低。

自由基是指遊離存在的，帶有不成對電子的分子、原子或離子。自由基的種類是相當多的，與人體衰老有關的氧自由基主要包括超氧化物自由基、過氧化氫、羥基自由基、單線態氧、過氧化脂質等五類[1]。

鑒於過量自由基對人體的危害，如何清除這些自由基就很重要了。這些清除自由基的物質就稱為抗氧化劑。人體抗氧化劑有多種，比如維生素E、維生素C、酚類化合物（黃酮、單寧等）、輔酶$Q_{10}$、硫辛酸，等等。隨著老齡化社會的到來，可以說，化妝品行業對抗氧化性也越來越重視了。

## 用蘋果測抗氧化能力靠不靠譜？

蘋果中含有重要的抗氧化劑—多酚[2]。多酚被氧化後會變色，所以如果切開的蘋果變黑變得越慢，就說明化妝品中的抗氧化劑越強。真的是這樣嗎？

首先，並不是所有的抗氧化劑都能讓多酚不變色。產品中的抗氧化劑以及蘋果中的多酚這兩種抗氧化劑它們兩個，哪一個的還原性更強，哪一個就先跟氧氣反應。並且，活性比蘋果中的多酚弱或強，並不能表現它在人體皮膚上真正的抗氧化能力的強弱。一種沒能阻止多酚變色的抗氧化劑，仍然有可能在皮膚上發揮作用。

其次，實驗中測試的是多酚與氧氣結合的能力，而不是自由基。前文提到過，對皮膚有傷害的自由基有多種，氧氣只能算它們的起源。真正需要直接對抗氧氣的，是化妝品成分中那些保護易被氧化的成分的物質，比如植物油等。而人體需要的抗氧化性能，更多的是要考慮到如何清除對人體有害的自由基。

其實，使用產品後，蘋果能變色更慢，主要原因是產品限制了蘋果與氧氣的接觸使多酚與氧氣的反應減少，或者更加良好的保濕能力使蘋果果肉細胞飽滿，維持原來的鮮活狀態。因此，所謂的蘋果測試中提到的抗氧化能力實際上是保濕和隔絕空氣的能力。果殼編輯曾自己親手做了一個實驗，發現在切開的蘋果上滴不屬於抗氧化成分的甘油和礦油，也能延緩蘋果的變黑，效果非常明顯，這使「用蘋果檢測化妝品抗氧化能力」的不可靠實驗不攻自破。

## 碘酒評測抗氧化能力靠不靠譜？

再回到「用碘酒評測抗氧化能力」上來。滴幾滴棕紅色的碘酒到水中，溶液為淡棕色，這是碘（$I_2$）的顏色。然後，將少量化妝品料體加入到水中，可以看到碘酒溶液的淡棕色很快褪去，因為料體中的還原劑將碘單質還原成了無色的碘離子。

在這個氧化還原反應中，料體中只需提供還原劑就可以了。確實，一些抗氧化劑可以作為還原劑參與反應，比如筆者曾在實驗室中用過非常少量抗壞血酸磷酸酯鈉（水溶性維生素C衍生物，用於抗氧化和美白）就將碘酒水溶液輕易還原為無色透明溶液。

將碘酒滴到化妝棉上，也能完成這個「測試」，道理相同。

那這個實驗能證明化妝品的抗氧化能力嗎？回答為否。實驗至少存在如下三個不可信之處。

**不可信理由一：**氧化還原反應不能代表清除自由基的抗氧化能力。

化妝品中抗氧化劑應該作用於自由基，因此要模擬抗氧化能力，理所當然地需要提供自由基，但在碘酒實驗中，沒有一種物質能夠提供前文所說的五種自由基中的任何一種。用碘充當自由基，這是偷換的概念。

**不可信理由二：**只考慮水溶性成分，沒有考慮油溶性成分。

很多抗氧化劑是油溶性的，比如大家比較熟悉的維E醋酸酯。在碘酒實驗的環境下，油溶性成分並沒有機會與水進行充分反應。因此，即使此實驗能用於檢測抗氧化劑（雖然不可信之一的一個錯誤就足以說明其不科學性），也無法顯示眾多油溶性抗氧化劑的作用。

**不可信理由三：**沒有考慮其他成分能影響顏色。

除了還原劑外，另外一些成分比如三乙醇胺、一些乳化劑等，也會慢慢使碘酒變色。而更有意思的是，化妝品中添加的變性澱粉（用於增稠或膚感調節），還能使碘酒溶液變為淡藍色。所以用變色來評價由眾多成分組成的化妝品體系是有問題的。

碘酒實驗中被還原的不是自由基，忽略了油溶性抗氧化成分，且有可能被其他成分干擾，因此用它測試產品的抗氧化能力，是極度不科學的。

## 化妝品行業如何測抗氧化性？

化妝品行業中常用的方法有很多，例如使用鄰苯三酚自氧化法測定清除超氧陰離子能力[3]、水楊酸法測定清除羥基自由基能力[4]、DPPH法測定清除DPPH自由基能力[5]，等等。除了化學分析方法外，還有一些基於細胞的抗氧化測試方法，通過使用皮膚相關細胞或紅細胞的抗氧化性能來檢測抗氧化效果。在人活體上測試的方法更可靠，因此有提取使用產品前後皮膚角質層細胞來測定抗氧化能力的方法[6]。最可信的還是臨床測試，用各種手段評估使用抗氧化產品的最終效果。

# A

謠言粉碎。

使用碘酒或者蘋果來評估化妝品的抗氧化能力所得到的結果，基本上都不足為信。目前國際上針對化妝品的抗氧化性測試，也沒有一個很簡潔的直接的方法。真正行業內對於化妝品抗氧化能力的檢測，大都採用相對複雜的化學分析方法或者生物學方法。專業的問題還是交給專業人士去解決吧。

## 參|考|資|料

[1] Veronique Jay etc. New Active Ingredient for Aging Prevention. Cosmetics & Toiletries. 1998.

[2] 傅瓊潁、樂國偉等，不同品種蘋果中多酚含量及其抗氧化活性研究，安徽農業科學，2011。

[3] 郭雪峰、嶽永德、湯鋒等，用清除超氧陰離子自由基評價竹葉提取物的抗氧化能力，光譜學與光譜分析，2008。

[4] 陳純馨、陳忻、劉愛文等，絞股藍抗自由基成分的提取和性能測定，食品科學，2008。

[5] Nikolaos Nenadis, Maria Tsimidou. Observations on the estimation of scavenging activity of phenolic compounds using rapid 1,1-diphenyl-w-picrylhydrazyl(DPPH.) tests JAOCS. 2002.

[6] Paola Ziosi, Elena Besco, Silvia Vertuani etc. A non-invasive method for thein vivo determination of skin antioxidant capacity. Skin Research and Technology. 2006.

# 用諾貝爾獎技術包裝的護膚「神」品

◎Helixsun

有這麼一個現代行業，一直在不斷地宣傳應用了獲得諾貝爾獎的技術和發現。這個行業就是保養品行業。可是這些被保養品行業應用的「諾貝爾獎技術」真可以達到廣告中宣稱的效果嗎？

在具體介紹之前，必須要說的是保養品的監管更注重安全性，能否達到宣傳的功效並不像藥品要求的那麼嚴格。對於保養品廣告的管理，一般只要不宣稱類似藥品的功效就可以了。不過美國FDA就曾要求歐萊雅旗下品牌蘭蔻修改其廣告，否則可能採取諸如沒收產品、對生廠商和銷售商實施禁令等行動[1]。原因就是因為其廣告中宣稱的一些護膚產品能夠「提升基因活力」，「改善幹細胞周邊環境，刺激細胞再生」或「臨床證明，顯著改善紫外線損傷肌膚的皺紋」。

而根據台灣衛生福利部規定，化粧品廣告之內容不得有名稱、製法、效用或性能虛偽誇大者；保證其效用或性能者；涉及疾病治療或預防者…等使人誤解其效用或是宣傳醫療作用的廣告語[2]。正因為對保養品廣告宣傳的監管力度相對較鬆，保養品就很喜歡用諾貝爾獎來做賣點，是不是如廣告中那麼有效就不是保養品廠商關心的了。

下面按時間線索解析一下被保養品「應用」的諾貝爾獎。

## 1986年諾貝爾生理或醫學獎——表皮生長因子

1986年度諾貝爾生理學或醫學獎授予神經生物學研究工作中做出傑出成績的兩位生物科學家，麗塔．列維-蒙塔爾奇尼（Rita Levi-Montalcini）和斯坦利．科恩（Stanley Cohen），用以表彰他們在外周神經組織和腦內發現並證實的對神經細胞生長、發育和維持具有重要意義的神經生長因數（NGF）及另一種生長調節蛋白表皮生長因子（EGF）。

在人體，表皮生長因子是一種53個氨基酸組合的品質約6,000道爾頓（原子質量單位）的蛋白質，對調節細胞生長、增殖分化起著重要的作用。它主要是通過和細胞表面的受體表皮生長因子（受體）結合，通過一系列的信號傳導，最終誘導DNA（去氧核糖核酸）合成和細胞增殖。

從表皮生長因子發揮作用的原理不難看出，想發揮作用需結合在可增殖的細胞膜上。而角質層細胞甚至顆粒層細胞都沒有細胞核，已經不能夠分化增殖了。想要表皮生長因子透過表皮吸收又有相當的難度，一般分子量大於500道爾頓就很難透過皮膚吸收了[3]。正因為這樣，表皮生長因子在醫療上被用於治療難癒合的創面，減少和預防手術疤痕。這些應用可直接接觸到表皮基底層細胞。

健康肌膚外用表皮生長因子是沒有效果的，最多起到蛋白質的保濕作用。那麼對於痤瘡或者受損的皮膚會不會很有效呢？醫院在美容手術後往往會用到表皮生長因子凍乾粉來預防疤痕，促進傷口癒合。這又成了保養品廠商的切入點，宣傳其含有表皮生長因子的產品適合敏感受損的肌膚使用。其實這基本上是不可能完成的任務。就算其產品中添加了足夠的表皮生長因子，產品的保存狀態並不能保證其活性。要知道表皮生長因子凍乾粉室溫保存五天左右就會失去活性，溶液在2~8℃存放也就只有七天的保質期。

那麼自己買來所謂表皮生長因子的凍乾粉，自己溶解了馬上使用會不會有效呢？我們不建議這樣去做，畢竟表皮生長因子凍乾粉是屬於處方藥管理的，需要在醫生指導下使用，並且使用時要做到儘量避免污染。我們手上、容器上會有大量的蛋白酶存在，很容易降解表皮生長因子使其失活。

## 1996年諾貝爾化學獎——富勒烯

1996年，三位化學家羅伯特·柯爾（Robert Curl）、哈羅德·克羅托（Harold Kroto）和理查·斯莫利（Richard Smalley）因富勒烯的發現獲諾貝爾化學獎。富勒烯（Fullerene）是地球上除了石墨、金剛石、無定形碳之外的碳同素異形體。因為其獨特的化學、物理性質被認為在材料學、電子學、奈米技術等方面具有廣泛的應用潛力。

因為富勒烯具有親和自由基的性質，日本保養品廠商率先將富勒烯應用在產品中，宣傳是具有對抗自由基的作用。這方面的科研文獻還真不少，就有效性來說，體外細胞實驗有一定的說服力，可是臨床試驗的樣本少得可憐，而且多為滲入效果的實驗。用脂質包裹富勒烯可以滲入到角質層，但是無法達到真皮層。這就無法對抗發生在真皮層由自由基引起的膠原蛋白、彈性蛋白損傷，最多只能增強防曬產品的效果，減少紫外線引起的自由基增多。用角鯊烷做對照的小樣本臨床試驗，表明富勒烯的緩解皺紋的效果並沒有顯著的差異。不過正因為無法透過皮膚吸收到全身，其應用在保養品中的安全性還是有一定保證的。並且有研究表明富勒烯不會引起刺激和敏感[4]。

美國化學學會出版的《化學化工新聞》曾就富勒烯奈米顆粒應用於保養品安全性不明做報導。記者採訪了羅伯特·柯爾，這位諾貝爾獎得主回應說：「我寧願採取保守的態度，在無法切實判斷其優點和缺點之前避免使用這類保養品。[5]」對於實際效果並不明顯的富勒烯保養品，花大錢去購買似乎不是一個理智的選擇。

## 2003年諾貝爾化學獎——水通道蛋白

2003年諾貝爾化學獎授予美國科學家彼得·阿格雷（Peter Agre）和羅德里克·麥金農（Roderick MacKinnon），分別表彰他們發現細胞膜水通道，以及對離子通道結構和機理研究做出的開創性貢獻。水通道蛋白主要負責水分子在細胞膜內外的轉運，一些通透性較好的水通道蛋白也可以通過甘油、尿素等小分子物質。

在人的表皮上發現的水通道蛋白是AQP3，從基底層到顆粒層均有表達，但在角質層下方開始消失。AQP3的空間分佈和含水量有關，基底層、有棘層、顆粒層含水量基本在75%，而角質層理想的含水量為20%~35%。皮膚表面相應的pH值則是5.5左右，角質層以下pH值為7.4。因此推測AQP3水通道對pH值敏感，可能被酸性pH值所抑制。這也就可以解釋為什麼皮膚表面的角質層有較強的防水性，顆粒層和角質層含水量的不一致對維持表皮結構非常重要[6]。

有了這些基本的概念，對於宣傳從外啟動水通道蛋白增加皮膚含水量的保養品宣傳我們應該能有所免疫。分子量達到兩萬多道爾頓的水通道蛋白是不能透過角質層的，也不可能結合在角質層上讓角質層含水量提高。如果真的通過水通道蛋白提高了角質層的含水量，也只會破壞皮膚的正常結構。

那麼，有沒有什麼方法提高表皮除角質層之外其他各層中水通道蛋白的含量，使皮膚維持較高的含水量呢？還真有品牌做這方面的宣傳，是採用一種叫作甘油基葡萄糖苷（Glyceryl Glucoside）的成分，當然商品名用的不是這個。有關它的研究表明它可以透過角質層並且增加AQP3水通道蛋白的表達，增強皮膚的屏障功能[7]。不過，該研究是提供這種成分原料的研究所做的，並不是協力廠商實驗。而且有關的研究不多，臨床樣本也很小。可以說這種途徑有潛力，但是還需要更多的研究。

## 2004年諾貝爾化學獎——泛素

2004年，亞倫．切哈諾沃（Aaron Ciechanover）、阿夫拉姆．赫什科（Avram Hershko）、厄文．羅斯（Irwin Rose）因發現了泛素調解的蛋白質降解過程而獲得了諾貝爾化學獎。泛素（ubiquitin）是一種存在於大多數真核細胞的蛋白質，分子量約8,500道爾頓。它的主要功能是標記需要分解掉的蛋白質，泛素和泛素結合蛋白結合後錨定在目標蛋白上，有泛素標記的目標蛋白質移動到桶狀蛋白酶時，該目標蛋白就會被蛋白酶分解為較小的多肽、氨基酸以及可以重複使用的泛素。

其實用泛素做宣傳的保養品並不多，我們只看到有一種宣傳海鏈藻提取物的成分中提到過泛素。查不到相關的研究文獻，只有零星的網頁介紹這種提取物是泛素結合蛋白的一種。相信看了前面的內容，要想識破這個海鏈藻提取物並不難。作為大分子的蛋白質首先就無法透過角質層吸收，即使吸收也無法保證其活性，即使有活性它怎麼確定目標蛋白呢？要是結合到真皮層的膠原蛋白、彈性蛋白上豈不是皮膚皺紋越來越多、彈性越來越差了嗎？這些問題都需要實驗研究來解答，可是現在根本沒有，你敢用這樣的產品嗎？

## 2009年諾貝爾生理或醫學獎——端粒和端粒酶

2009年，加州大學三藩市分校的伊莉莎白·布萊克本（Elizabeth Blackburn），約翰霍普金斯大學的卡蘿·格雷德（Carol Greider），以及哈佛醫學院的傑克·紹斯塔克（Jack Szostak），因為揭示了「染色體如何被端粒和端粒酶保護」而獲得當年的諾貝爾生理或醫學獎。這個發現被宣傳為「揭示了衰老和癌症的秘密」頗有些為了吸睛的味道。端粒酶（Telomerase）負責自催化以及端粒（Telomere）的複製，端粒在染色體的末端起到了保護作用，補償染色體複製過程中的末端隱縮，保證染色體的完整複製。而端粒每次分裂都逐漸縮短，細胞壽命（分裂次數）受到端粒的限制，隨著端粒的縮短，細胞逐漸喪失分裂的能力。因此認為延長端粒或保護端粒可以延緩衰老。

有一些保養品提出黃芪提取物被稱作AT-65的成分可以啟動端粒酶防止端粒變短，這樣就可以延緩衰老。也有不多的動物實驗和體外細胞實驗支持它對於端粒酶的啟動作用。而針對端粒酶及其臨床應用前景的綜述文獻認為，還需要更多的研究來證明產品的安全性，啟動端粒酶延長端粒有可能引起癌變[8]。其實端粒酶的縮短只是指示衰老的一個表徵，而並非引起衰老的原因。在生理條件下，端粒縮短並不是引起衰老的原因，有實驗將小鼠的端粒酶破壞，小鼠並不會提前衰老，生殖能力也不受影響。

## 2012年諾貝爾生理或醫學獎——幹細胞

2012年英國發育生物學家約翰・格登（John Gurdon）與日本醫學家山中伸彌因為對幹細胞和誘導多能幹細胞的研究獲得了諾貝爾生理或醫學獎。約翰・格登首次證實了已分化細胞的基因組可以通過核移植技術將其重新轉化成為具有多能性的幹細胞。而山中伸彌則是在2007年證明通過基因重組人類的皮膚細胞可以恢復多能的幹細胞狀態。

簡單說，幹細胞是指原始未分化的細胞，它們具有分化成其他特化細胞的能力。主要分為成體幹細胞和胚胎幹細胞。而這次獲得諾貝爾獎的技術是通過基因重組的技術使已經分化的細胞恢復到幹細胞狀態，使其具有再次分化的能力。這項技術被認為對治療糖尿病、脊髓損傷、帕金森氏症等具有巨大的潛力。不過目前這項技術短時間內還無法進入臨床應用。（可以參讀《山中伸彌：逆轉生命程式》）幹細胞技術的臨床應用都還只是美好的憧憬，正在進行基礎醫學研究。

外用在面部的所謂幹細胞，不可能是真正的幹細胞。因為分離、培養幹細胞需要尖端的技術，還沒有機構大規模生產。做成了凍乾粉、精華液的幹細胞，已經是死細胞何談分化能力？就算是真的是有活性的幹細胞，注射有可能引起排異和過敏，外用也只有保濕的功能。

有些產品宣傳的所謂蘋果幹細胞等植物幹細胞，更是玩弄廣告文案的高手。對於植物而言，很多部位的細胞都有再分化的能力。簡單來說，植物細胞都具有全能性，在一定條件下都可以恢復分化成其他細胞的能力。而這一點人的細胞就很難做到。如果非要說植物幹細胞，那應該是指頂端分生組織和根尖分生組織。

植物幹細胞對於人的皮膚完全沒有作用。植物幹細胞既不能分化成人的皮膚細胞，也不可能促進人的皮膚細胞不斷分化。（更多內容，請看果殼網「植物幹細胞真能延緩皮膚衰老？」）

另外，現在有一些商家抽取血液離心，然後把血清塗在面部，號稱可以去除皺紋，增加皮膚彈性。血清中的主要營養成分有氨基酸、生長因數、激素和結合蛋白等。自體抽取再注射雖然可以不用擔心免疫排斥，但是操作的條件就算是美容院都存在很大風險。抽血、離心、再注射，一些商家宣稱還要體外培養幾天。這些都不是美容師能夠勝任的操作，每一個步驟都可能造成微生物污染。污染的血清再進行皮下注射引起的問題小則過敏，大則有可能危及生命，奉勸愛美的朋友們不要玩火。

謠言粉碎。

現在保養品的廣告宣傳，很像霧裡看花，即使是生物技術專業的人看也會一頭霧水，天真地認為原來還在努力研究的保養品領域已經一舉突破了。一般消費者更是除了覺得高深就剩掏腰包的份了。殊不知這些借著諾貝爾獎名頭宣傳的護膚成分都還是水中月，雖然看上去很美但實際功效都很可疑。作為一個理性的消費者，可以瞭解一下這些廣告宣傳後的真相再做出選擇。

## 參｜考｜資｜料


[1] Lau W M, White A W, Gallagher S J, Donaldson M, McNaughton G, Heard C M. Scope and limitations of the co-drug approach to topical drug delivery. Curr. Pharm. Des. 2008.

[2] 中華民國行政院衛生福利部：化粧品衛生管理條例施行細則第20條。

[3] Review of fullerene toxicity and exposure-Appraisal of a human health risk assessment, based on open literature.

[4] Bethany Halford.Cosmetics containing C60 nanoparticles are entering the market, even if their safety is unclear. Chemical & Engineering News. 2006.

[5] Frédéric Bonté, Emmanuelle Noblesse, Miléne Juan, Jean Marc Verbawatz, Marc Dumas，水通道蛋白對人體皮膚重要性的研究，中華皮膚科雜誌，2009。

[6] A. Schrader, etc. Effects of glyceryl glucoside on AQP3 expression, barrier function and hydration of human skin. Skin Pharmacol Physiol. 2012.

[7] Alyssa A. Sprouse, etc. Pharmaceutical regulation of telomerase and its clinical potential. Journal of Cellular and Molecular Medicine. 2012.

[8] Blasco M A, Lee H W, Hande M P, Samper E, Lansdorp P M, DePinho R A, Greider C W. Telomere shortening and tumor formation by mouse cells lacking telomerase RNA. Cell. 1997.

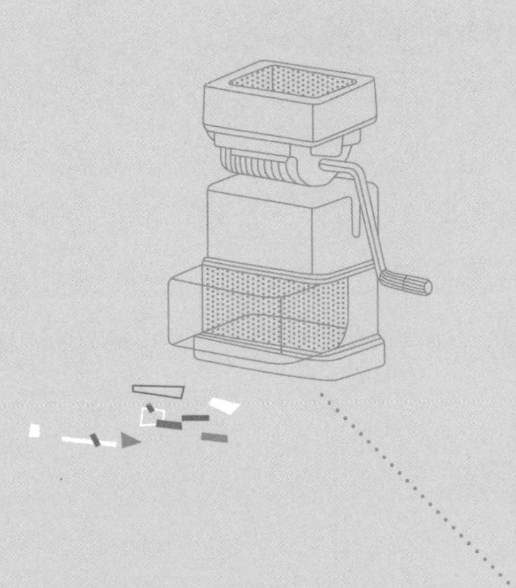

# 2

## 第二章／
# 和你的裡子好好談一談

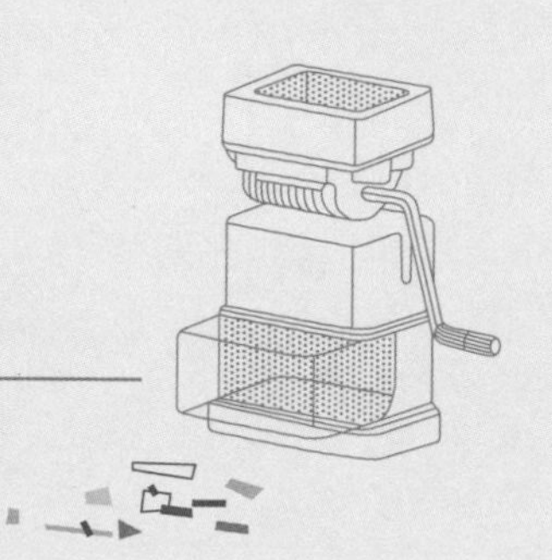

# 飯後運動是健康大忌嗎？

◎籥汲

Q

從小時候起，大人就一直教育我們，吃完飯以後不能馬上運動，至少要等半小時以上，否則會引起消化不良。

長久以來，我們大多數人都對這一說法深信不疑。不僅自己嚴格恪守飯後不能馬上運動的守則，在我們自己當上父母的時候，也會以此來要求自己的孩子。但是飯後半小時不能運動的定律真的科學嗎？這是關於健康的真相，還是又一個都市傳說呢？

## 空腹運動要不得

在不清楚真相的情況下，很多人選擇寧可信其有不可信其無。殊不知遵守「飯後不能運動」的生活準則也有潛在的風險。對於忙碌的現代都市人來說，如果恪守飯後不能運動的「準則」，可能就很難抽出時間來運動了。而且飯後不能運動的說法可能還會造成一些人選擇不吃飯直接去運動，容易造成「空腹運動」的情況，而空腹運動很容易造成低血糖發作（尤其對糖尿病病人來說），反而增加了運動時發生危險的可能。因此在飯後什麼時候運動的問題上，「寧可信其有」未必是最好的策略。

## 消化不良是怎麼回事？

言歸正傳，要探討飯後運動會不會引起消化不良，首先要對消化不良這一疾病有所瞭解。消化不良是指一種慢性的、反復發作的上腹部疼痛或不適感，用通俗的話來說就是胃老是痛或不舒服。「胃不舒服」是一種非常籠統的說法，很多人能表達出自己不舒服的感受，卻很難具體描述出「哪裡不舒服」。因此醫生對消化不良的情況進行了非常詳細的分類，包括早飽、餐後飽脹不適、胃部疼痛和胃部燒灼。消化不良的病人可以同時有一種或多種症狀。消化不良的發病率非常高，一般估計人群中有25%的人都患有消化不良[1]，美國每年都有9%的從未有症狀的人新發現消化不良[2]。由於只有約10%的消化不良病人會去醫院就診，因此實際發病率可能比這個估計的資料更高。

可以發現，對消化不良的病人來說，餐後本來就可能發生飽脹不適感。當這類病人飯後運動出現消化不良的症狀時，可能會對此印象深刻，而將其歸咎於飯後運動，殊不知進餐本來就會誘發消化不良的症狀，很有可能和運動沒有任何關係。雖然這只是一個推論，但是當我們總結醫學界對消化不良的病因或誘發因素的認識時，就會發現，認為運動或飯後運動會引起消化不良的觀點是缺乏依據的。很多胃和食管的疾病會引起消化不良，包括胃和十二指腸潰瘍、消化道腫瘤等。

另外，還有一些無法找到明確病因、在胃腸道無法找到明確病灶的消化不良，醫學上稱之為功能性消化不良（FD）。雖然無法確知病因，但是目前已知有一些因素與功能性消化不良的發病有明顯的相關性。比如幽門螺桿菌感染、吸煙、飲酒、服用解熱鎮痛藥（NSAIDS）和精神壓力大，等等，目前仍沒有證據證明運動或飯後短時間內開始運動與功能性消化不良存在相關性。

值得說明的是，上面談論的功能性消化不良，患者通常至少要有六個月以上的腹痛、腹部不適的病史，是一種慢性的消化不良症狀。對於那種偶爾發生的短暫腹痛、飯後腹脹的症狀，醫學上稱為「急性自限性消化不良」。這種情況就像感冒一樣，因為一些因素誘發發病，即使不吃藥也能很快痊癒。已知可能誘發急性自限性消化不良的因素包括食物過敏、食物中毒，服用解熱鎮痛藥、二甲雙胍，急性胃腸炎等。同樣的，沒有證據表明這一類消化不良可以被運動或飯後短時間內開始運動所誘發。

## 飯後運動，因人而異

即使不考慮缺乏證據支持，「飯後不宜運動」的理論基礎也經不起推敲。通常認為飯後不能立即運動的原因是因為吃完飯後人體的血流會集中到胃，用以消化食物。如果此時開始運動的話，血液會流到骨骼肌，胃的血液供應就減少了，因此引起消化不良。且不論增加骨骼肌的血供是否會引起胃血流量的減少，也不論胃血流量減少是否與消化不良有關，如果胃在工作的時候不能運動的話，那麼考慮到胃內的食物通常要經過四到六個小時才能徹底排空，那麼飯後不止半個小時，而是數個小時之內都不能運動了。果真如此的話，恐怕大多數運動的人都「犯了錯」，在不適合的時間運動了。

# A

謠言粉碎。

當然，以上的分析並不是要推薦大家在飯後馬上開始運動，而是希望大家不要被誤導，失去運動的機會和動力。要知道缺乏運動造成的健康風險可是明確得多，比飯後運動可能造成的健康風險要嚴重得多。正確的做法是，在有進一步的證據證明「飯後立即運動」確實會誘發消化不良以前，根據自身情況安排運動時間即可，注意不要空腹時運動，容易引發低血糖。（這一點可能與一些專業運動員的指導有不同，這裡面有成績表現等因素的考慮。對於一般人的運動建議仍是如此。）如果你確實經常在飯後運動時出現胃痛或胃部不適，那麼很有可能你已經是罹患消化不良的患者，應該到正規醫院尋求幫助。

## 參|考|資|料

[1] Arvind Kumar, et al. Epidemiology of Functional Dyspepsia. SUPPLEMENT TO JAPI, March 2012.

[2] Nicholas J. Talley, et al. Guidelines for the Management of Dyspepsia. Am J Gastroenterol. 2005.

# 捐血有害健康嗎？

◎Shiu

## Q

捐血會造成血液功能的弱化甚至喪失。紅細胞的減少會使身體各部分器官得不到足夠的氧氣，細胞的各項生命功能無法正常發揮，捐血後產生頭暈現象就是因為腦部沒有得到足夠的氧氣。白細胞減少會使身體抵抗力下降，容易生病。捐血後虛弱就是這個原因，免疫能力的下降就使本來無足輕重的感冒病毒有機可乘。血小板的減少會使傷口難以癒合。也許你會說，大家都說捐血後身體會產生足夠的血液補充，可是你知道所有的血細胞均在骨髓內由造血幹細胞分化而成。

造血幹細胞是有壽命的。書上說，捐血後兩周，血液的容量會補充完整。但請注意：補充的是什麼？是血漿，血液和血漿是兩個概念。捐血後會感到口渴，就是要補充血漿，血站會無償提供糖水或牛奶也是這個原因。（節選自網路文章《無償捐血的危害》）

讓我們針對這則流言的說法一一加以辨析。

## 捐血的量算很多嗎？

為提昇血液品質並保障捐血人的健康，依行政院衛生署規定有捐血間隔及年捐血量（以出生日期起算一年）的限制。

通常一次全血捐血250毫升，捐血間隔為兩個月以上；體重60公斤以上者，每次可捐血500毫升，間隔三個月以上。男性年捐血量限制在1,500毫升以內；女性年捐血量限制在1,000毫升以內。

250毫升即0.25升，而成年人的血液總量約為4.2~4.8升，捐血量僅占全身血液的5%左右，對健康人來說不是個大數目，不會對身體造成什麼傷害。女性每個月「那幾天」還要出血30~50毫升，而且是每個月都來，有些量大的能到80毫升；六個月加起來都不止250毫升了，還不是該吃飯吃飯、該旅遊旅遊，有些人還照常喝酒運動做愛呢。對比一下就可以看出，捐血的那點血量對全身來說損失並不大。

## 為什麼捐血之後頭暈噁心？

有些初次捐血的人容易發生頭暈噁心，這通常是因為血壓的改變，加上情緒的壓力。抽煙喝酒還會加重頭暈。

血壓是血液對血管的壓力。想像你往一個橡膠管道裡吹氣，你吹的力氣越大，管壁受到的壓力也越大。嘴向管道裡吹氣就好比心臟向全身血管泵出血液。血壓高往往是因為血管壁太硬了彈性差，血壓低可能因為心臟泵出血液的力量不足、心率過緩、血液量少（受傷失血的人可能低到血壓都測不到）。但血壓改變很快會被身體調整過來。如果一次捐血就老是低血壓，那高血壓患者不用吃藥了，不如去放血好了；也不會有「充血性心衰」這種病了（外周血壓太高了，心臟泵不動了）。

捐血後往往需要休息一會兒，吃點兒喝點兒。第二天起床時動作也輕緩些，讓你的血壓進行調整。覺得不舒服的時候避免精細勞動。吃夠喝夠就問題不大，尤其是喝夠，別讓自己脫水就行。

## 捐血後容易生病？

白細胞的確與免疫力有關，但它並不是決定免疫力的全部因素。就好像這個月你被扣了200元獎金，並不代表你家就窮了。從另一方面看，女性在經期會有白細胞的輕度升高，但也並沒有出現「女性在經期更不容易生病」這種現象。

相反，有文獻還認為年齡較大或絕經的捐血者可以擺脫體內過剩的鐵，而過剩的鐵與心臟病發作有關——不過文獻也注明了：雖然已經觀察到這樣的現象，但其中的關聯性還需要進一步證實。

## 和白血病有關嗎？

流言說：「白血病產生的最主要原因就是血小板減少」。其實，人們統稱的「白血病」，在臨床上是一類血液病。只要血裡的各種成分比例不平衡了，就可能造成血液系統工作不正常，被稱為「病」。它們的病因各不相關，甚至「白細胞增多」也不是它們的唯一表現。即使說到主要與白細胞相關的狹義「白血病」，「血小板減少」也只是表現之一，而不是其原因或誘因。

而且血小板的恢復也不困難。教科書上說：血小板的壽命為七到十天，衰老的血小板被單核巨噬系統所清除。血小板與粒細胞不同，在骨髓中並無儲備，如血小板被大量破壞，則恢復較慢，至少三到五天始能恢復正常，這正是巨核細胞成熟至產生血小板所需要的時間。也就是說，你損失了5%的血小板，即使這算「大量」，也不過幾天就恢復了。

那麼血液中的其他成分會是什麼情況呢？水和無機鹽的話，兩小時就補完了；其他大多數物質兩天也補差不多了。恢復最慢的是紅細胞，因它的壽命是100~120天，明顯丟失時骨髓會用六到八倍的速度來造血，恢復不超過一個月。因此，流言所說的：「捐血後兩周，血液的容量會補充完整」這句話並未描述出正確的情況。

## 什麼樣的人不能捐血？

簡單來說不讓捐血的情況就是對捐血者有風險或對用血者有風險。具體包括：

體重過輕或過重；貧血；患有各種感染疾病，或有感染疾病風險的人（比如英國規定12個月內有過男男性行為，四個月內有過文身的人也不能捐血；新加坡規定某個特定時間段在英國或法國居住過一段時間的人也不能捐血——因為狂牛症）；患有惡性腫瘤或有病史的人；有嚴重的慢性病或有自體免疫疾病的人等等。另外，哺乳期的媽媽一般不捐血，尤其是分娩後六個月內。因為這可能會減少你身體的鐵儲備，造成嬰兒缺鐵的風險。

## 捐血後如何補鐵？

食補。這裡應該注意，雖然很多食物中含鐵量都很豐富，但是，蔬菜（包括大力水手的菠菜）、豆類、穀類、海藻、蛋、乳酪、貝類中的鐵都是屬於不容易吸收的非血紅蛋白鐵。補鐵還是得靠動物肝臟、全血、魚類和畜禽肉類。

## 捐血後如何休息？

當天不進行重體力勞動，不進行激烈運動。喝水要比平時多，四大杯每杯250毫升。注意是水，咖啡或酒可不行。不要待在過熱的環境中。應該避免的是：節食、少水、抽煙、長期站立……這些都會影響你的恢復。

謠言粉碎。

這條流言對於捐血後機體恢復的生理過程存在諸多誤解。

# 貧血就需要「補血」嗎？

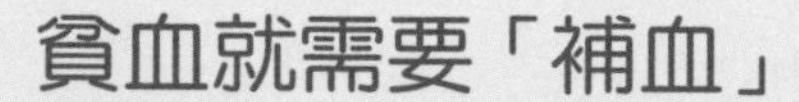

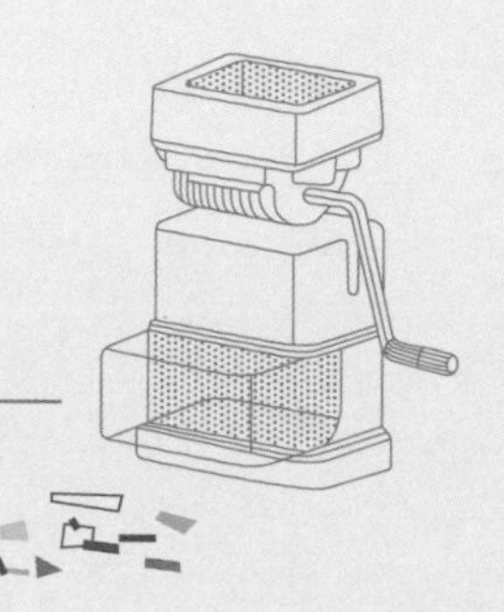

◎JUNEO

Q

1. 貧血是一種病；
2. 很多女性認為自己有「經期貧血」病，都是月經讓自己貧血；
3. 大棗補血，貧血的人以及女性應該多吃。

貧血，是一種症狀，而不是獨立的疾病。事實上，會導致貧血症狀出現的疾病很多，找病因才能對症治療。就像闌尾炎、宮外孕都會出現腹痛，但不找到病因，是沒辦法治好腹痛的。正常情況下，經期失血量並不多，不會引起貧血。另外，大棗也沒有補血的功效。

## 貧血是「症狀」，不是「病名」

生活中經常會有人說自己患上了「貧血」這種病，事實上，它不是一種獨立的疾病，而是一種臨床綜合症狀。類似於發熱、咳嗽或者腹痛一樣，貧血只是多種疾病在人體所表現出的冰山一角。

簡單來說，貧血可以定義為人體紅細胞總量減少、不能對人體組織充分供氧，所造成的人體組織缺氧的病理狀態。

紅細胞中含有一種叫作血紅蛋白的物質，就是人們常說的血色素。血紅蛋白是一種含鐵的蛋白質，它在氧含量高的地方容易與氧結合，在氧含量低的地方又容易與氧分離。正因為血紅蛋白的這一特性，使得人體從呼吸道獲得的氧氣順利地送到身體的每一個角落。如果把血管比喻成人體「交通路線」的話，那麼紅細胞就是運載氧氣分子的「公車」，血紅蛋白則是公車上的「座位」，在人體組織的供氧方面起到重要的作用。

因此，貧血時人體紅細胞含量減少，公車數量減少了，公車的座位當然也就相應減少了，人體組織就表現出了缺氧的狀態。

## 貧血不貧血，血紅蛋白說了算

理論上貧血最準確的診斷方法就是直接測定人體紅細胞總量，可惜，目前尚無合適的臨床檢驗能夠滿足這一要求。所以，醫生在診斷有無貧血時，使用的是反映外周血紅細胞濃度的指標，其中以血紅蛋白濃度最為常用和可靠。目前中國成年男性兩次檢查血紅蛋白濃度小於120克/升，成年女性兩次檢查血紅蛋白濃度小於110克/升就可以診斷貧血。

診斷貧血之後，尚需要進一步分清貧血的程度：低於上述標準，至91克/升之間的為輕度貧血，61~90克/升為中度貧血，31~60克/升為重度貧血，低於30克/升為極重度貧血。

雖然說長期經血過多（一個月經週期失血超過80克/升）確實是導致女性貧血的一個原因，但對於多數每月經血損失為20~60克/升的健康女性來說，生理上不足引發貧血症狀，而且醫學上也沒有「經期貧血」這種疾病。

## 不只表現在化驗單上

無論貧血是由什麼原因引起的，貧血都會造成血液運送氧氣的能力減弱，使得人體各個系統缺氧後功能異常，因此貧血的臨床表現都有共性。

皮膚黏膜蒼白是貧血最常見和最顯著的客觀體征，以觀察指甲、手掌皮膚皺紋處以及口唇黏膜和瞼結膜等較為可靠。另外，疲倦、乏力、頭暈耳鳴、記憶力衰退和思想不集中等，也都是貧血早期和常見的症狀。貧血嚴重時還可有低熱、皮膚乾枯和毛髮缺少光澤，甚至可能出現水腫。心血管系統、消化系統和泌尿生殖系統都會出現一些不適：輕度貧血時，常見活動後心慌氣短，中度貧血可有心動過速，心輸出量增多，嚴重貧血患者還會出現心絞痛或心力衰竭；常有食欲不振、噁心、嘔吐、腹脹甚至腹瀉等表現，部分患者可有明顯的舌炎；患者可有性欲減退等表現，女性患者常會出現月經失調。

## 多種致病因

很多人一提到貧血，就想到營養不良、缺鐵。事實並非如此，貧血的病因大致有以下幾種：

**1. 紅細胞生成減少：**造血原料異常（鐵、維生素B12、葉酸等來源不足、吸收障礙等）、造血細胞異常（白血病、繼發性骨髓抑制等）。

**2. 紅細胞破壞過多（即溶血性貧血）：**紅細胞異常所致溶血（海洋性貧血、鉛中毒、G6PD缺乏也就是蠶豆病等）、紅細胞外環境異常所致溶血（自身免疫性溶血、新生兒溶血、血型不符所致輸血相關性溶血等）。

**3. 失血：外傷、經血過多等。**

可見，臨床上引起貧血的病因錯綜複雜，病因不同，治療方法也不同。需要醫生根據臨床表現和各種輔助檢查仔細鑒別，其中骨髓穿刺活檢測是貧血病因診斷的法寶。

因此可知，診斷為貧血後，也不能都進行「補血」治療。如果是體內有鉤蟲寄生，那及早驅蟲才是治療的關鍵。針對造血原料異常，如果因攝入不足導致，那多吃含有這些物質的食物確實有益。如果是吸收或利用環節出現問題，多吃也是沒用的。另外，有關紅棗補鐵補血的說法大概只是出於「紅」的聯想，沒有醫學、營養學依據。確實，鐵的補充對於製造更多的紅細胞至關重要。只是，乾紅棗的含鐵量每100克平均只有2毫克。而豬肝的含鐵量每100g可以達到25毫克以上，就連油菜的鐵含量每100克也可以達到3毫克。

## 「貧血症」短時能緩解甚至消失嗎？

某公務員考生因體檢時血紅蛋白兩次測量值是「70克/升、88克/升」（中度貧血），低於公務員體檢標準而落榜，但兩周後該考生重新體檢其血紅蛋白均正常，分別為「173克/升」和「181克/升」。短短兩周時間，該考生的血紅蛋白測量值居然如同坐過火車一樣翻山，血紅蛋白是否真能在短時間內飆升？

答案：不會（針對該考生的情況而言）。

常見的缺鐵性貧血治療相對較為簡單，只需要補鐵治療，患者口服鐵劑之後一周左右症狀改善，兩周之後血紅蛋白開始升高，一到兩個月之後才可恢復正常。而其他類型的貧血治療起來更加複雜，需要用到免疫抑制劑或者造血刺激藥物甚至骨髓移植等方法，因此這類貧血的恢復以及血紅蛋白濃度的上升就會更加漫長，絕不會出現短時間內飆升的現象。

當然，貧血也有其對症治療的方法，那就是輸血。但是由於輸血的副作用和併發症較多，需要嚴格掌握輸血適應證。一般情況下，慢性貧血血紅蛋白低於60克/升，急性失血導致血紅蛋白低於70克/升，才是輸血治療指征。

除了傳統的全血輸血之外，目前較多採用的是成分輸血，用於提高血紅蛋白的血液成分有濃縮紅細胞、少白細胞紅細胞、紅細胞懸液、洗滌紅細胞、冰凍紅細胞等品種。一袋成分血200毫升，可升高血紅蛋白約5克/升。如果想讓血紅蛋白從70克/升短時間內升至170克/升左右，大約需輸入4,000毫升血液。這幾乎是不可能實現的，原因如下：目前血液製品監管嚴格，除非患者出現大出血等危及生命情形，否則4,000毫升的輸血申請不可能得到批准；短期內輸入大量的血液，對於非急症貧血患者來說，這種治療方案帶來的副作用和併發症，是得不償失。醫生也不會選擇這樣一種「治療」方案。

由此可見，不論是對因治療貧血還是對症治療貧血，讓血紅蛋白短期內像坐火車一般翻山越嶺是難以實現的事情。

## A

謠言粉碎。

貧血是症，不是病。沒有經期貧血這種病，經期正常、月經量正常的情況下，不會讓女性貧血。貧血的治療依病因而定，不能一概「補血」。另外，紅棗也沒有什麼補血功效。

## 參|考|資|料

[1] 王海燕，內科學，北京大學醫學出版社，2005。
[2] 歐陽欽，臨床診斷學，人民衛生出版社，2005。
[3] 左大鵬，貧血的實驗室檢查程式和診斷，中華檢驗醫學雜誌，2004。

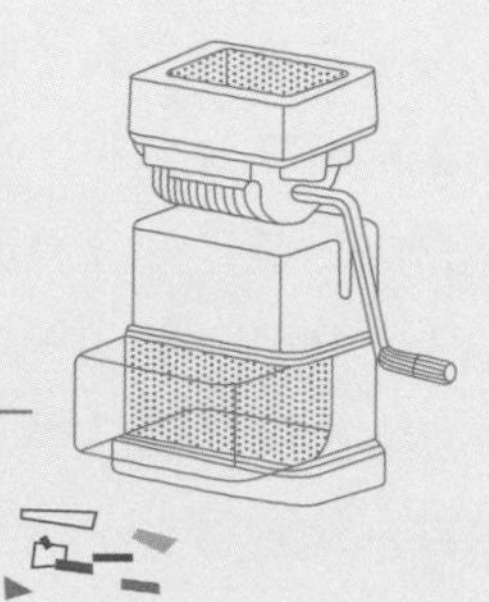

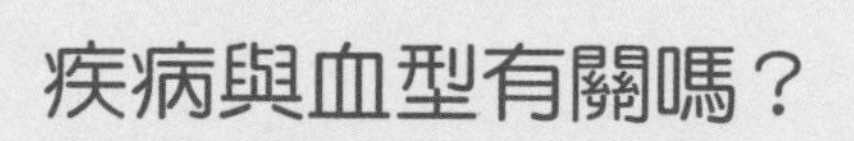

# 疾病與血型有關嗎？

◎snowjade

O型血的人易患的疾病包括胃潰瘍和十二指腸疾病、肝硬化、膽囊炎、闌尾炎、支氣管哮喘、膿腫等。雖然平常較易生病，但平均壽命明顯較長。A型血的人容易患葡萄球菌化膿感染引起的疾病、沙門氏菌病、結核病、白喉、痢疾、流行性感冒、動脈粥樣硬化、風濕病、心肌梗死、癲癇、慢性酒精中毒等疾病。

B型血的人易患的疾病包括痢疾、流行性感冒、神經根炎、骨病、泌尿生殖系統、關節炎等。AB型血的人容易患膿毒性感染、急性呼吸道疾病、病毒性肝炎等疾病。

據統計，AB型血的人患精神分裂症比其他血型高出三倍多，但AB型血的人在患結核病、妊娠貧血的比率上，則比其他血型的人低很多。

血型與某些疾病確實存在相關性，這些疾病的流行，加上遺傳規律及人類的遷移，共同導致今天世界上各地區所能觀察到的ABO血型的分佈頻率。與其說血型易讓人患上某種確定的疾病，不如說在人類進化過程中，某些地區流行的疾病「挑選」了該地域人群的血型分佈。

## 血型分佈有地域差異

基於紅細胞表面特定的抗原來劃分的ABO型血，是現代醫學中輸血的重要依據之一。ABO型血由單一基因決定，分為A、B和O三種。

在不同的地區和人種中，ABO型血分佈是有差異的。譬如，西南非洲地區O型血較多；A型血在歐洲分佈最多，往亞洲方向逐漸減低；B型血人在亞洲最多，歐洲最低。[1]

血型由基因決定，一種基因在人類某一群體的進化中能被保留下來，或者佔有較高的比例，說明這種基因對這個群體的生存和繁衍有利，所以才能夠通過遺傳傳遞並擴大其比例。是什麼導致了血型的地區分佈差異？這就要從人類漫長的進化史中影響血型演變的因素說起了。

## 原始社會，非O型血生存概率大

最初科學家發現，相對於O型血的人，非O型血（A型、B型、AB型）更容易患上血栓性疾病。為瞭解釋這種現象，研究者檢測了不同血型的人血液中相關凝血因數的含量。結果發現在非O型血人的血液中，兩種參與凝血過程的因數（血管性血友病因數抗原和凝血因數Ⅷ）的水準要高於O型血。[1]

原因在於A型血和B型血基因的基因產物，能延長血管性血友病因數抗原的半衰期（在O型血群體中為10小時，在非O型血群體中25小時），從而使體內血管性血友病因數抗原維持在較高水準[2]。科學家猜想，原始人時期野外生存經常要與野獸搏鬥，免不了會有流血的狀況，若能迅速地止血，便有更多活下去的可能。所以，早期人類中，非O型人群更迅速的凝血能力賦予這個群體更多的生存優勢。

## 瘧疾讓O型血最終占了上風

但從目前世界上各血型的分佈比例來看，O型血的比例更高，是後來又出現了什麼因素，讓O型血基因產生了選擇優勢嗎？

研究者們想到了傳染病，在人類各個歷史時期，各種傳染病都是對人類生存和繁衍的一個極大威脅。研究者們推測或許瘟疫也在「挑選」著人類的血型基因。在諸多傳染病中，瘧疾大概是人類基因組最強的選擇壓力了，它在人類的基因組中留下了包括葡萄糖-6-磷酸脫氫酶缺陷、鐮刀形貧血症在內的多種疾病的遺傳痕跡[3][4]。據世界衛生組織估計，2010年全球仍有2.16億人感染瘧疾，65.5萬人死於瘧疾，死亡的大部分都是5歲以下的兒童[5]。

瘧疾最倡狂的時代是一萬年前，也正是在那個時候人類的生活方式發生了改變，從四處捕獵轉變為更加穩定的農耕生活。家畜開始被圈養，森林裡的樹被砍掉後產生了大片的空地，雨水在這裡積聚起來，形成了很多不流動的小池塘，這都為蚊子的大量繁殖提供了溫床，而蚊子正是瘧原蟲的宿主，是瘧疾傳播的必需媒介[6]。瘧疾致人死亡的原因是紅細胞被瘧原蟲寄生，會在細胞膜上表達一種黏附分子，這種黏附分子會與未感染紅細胞上的血型抗原相結合，形成像玫瑰花一樣的血液凝塊，這種玫瑰花結黏附于血管內皮細胞上，導致血管閉塞和嚴重的疾病，而且玫瑰花結的多少與感染的嚴重性成正比。

有研究表明，這種黏附分子對A血型抗原有較強的親和力，與B抗原親和力較弱。因此感染瘧疾後，A型血人相對於B型血人和O型血人能形成更多的玫瑰花結。

根據這些研究結果，在瘧疾流行過的地區，O型血人數應該高於A型血。目前世界上O型血和A型血的分佈確實與上述推論一致。熱帶地區，瘧疾較為流行，而寒冷的地區，瘧疾不那麼流行。

居住在中美洲和南美洲熱帶區域的土著居民絕大部分是O型血。但是，在較寒冷的地區，如斯堪的納維亞半島、格陵蘭島，以及歐洲和北美的北極圈地區，A型血是出現比率最高的血型[7]。這些資料從另一個角度印證了O型血有利於對瘧疾的抗性，A型血不利於對瘧疾的抗性。另外還有研究指出，歐洲A型血人群較多，可能也是天花蔓延的原因[8]。

| 國家/種族 | O型血（比例%） | A型血（比例%） | 非O型血（比例%） | O/A（比例%） | 現在/曾經（是瘧疾疫區） |
|---|---|---|---|---|---|
| 尼日利亞東南部 | 87 | 8 | 13 | 11 | 是 |
| 蘇丹 | 62 | 16 | 38 | 3.86 | 是 |
| 肯尼亞/基庫尤族 | 60 | 19 | 40 | 3.16 | 是 |
| 非洲布西曼族 | 56 | 34 | 44 | 1.65 | 是 |
| 中非共和國 | 44 | 28 | 56 | 1.57 | 是 |
| 剛果 | 52 | 24 | 48 | 2.17 | 是 |
| 厄立特里亞國/索馬里 | 60 | 22 | 40 | 2.73 | 是 |
| 加納 | 47 | 23 | 53 | 2.04 | 是 |
| 納米比亞 | 47 | 10 | 53 | 4.7 | 是 |
| 中美洲；亞馬遜河流域 | 90 | <10 | 10 | >9 | 是 |
| 北美印第安人/納瓦霍人 | 73 | 27 | 27 | 2.7 | 是 |
| 美國 | 79 | 16 | 21 | 4.94 | 是 |
| 波斯 | 38 | 33 | 62 | 1.15 | 是 |
| 土耳其 | 43 | 34 | 57 | 1.26 | 是 |
| 菲律賓 | 45 | 22 | 55 | 2.04 | 是 |
| 越南 | 42 | 22 | 58 | 1.91 | 是 |
| 巴布亞新幾內亞 | 41 | 27 | 59 | 1.52 | 是 |
| 芬蘭 | 34 | 41 | 66 | 0.83 | 否 |
| 奧地利和匈牙利 | 36 | 44 | 64 | 0.82 | 否 |
| 瑞典 | 38 | 47 | 62 | 0.81 | 否 |
| 瑞士 | 40 | 50 | 60 | 0.8 | 否 |
| 挪威 | 39 | 50 | 61 | 0.78 | 否 |
| 保加利亞 | 32 | 44 | 68 | 0.73 | 否 |
| 捷克共和國 | 30 | 44 | 70 | 0.68 | 否 |
| 葡萄牙 | 35 | 53 | 65 | 0.66 | 否 |

血型、地區與瘧疾關係圖表（數據來源：The ABO blood group system and Plasmodium falciparum malaria。[7]）

## O型血也不是占盡便宜

雖然O型血對抵禦瘧疾有優勢，可遇到霍亂就不如其他血型了。大量研究表明，感染霍亂後，O型血的人相對於非O型血的群體，更可能發展為嚴重感染[9]。孟加拉恒河三角洲地區是霍亂的高發地區，近代幾乎所有的霍亂疫情都是從這個地區傳播出去的，研究認為現代該地區O型血人群數量較少而B型血人數量較多，與早期霍亂的選擇壓力直接相關[10][11]。

同樣1996年在蘇格蘭爆發了一種由大腸桿菌O157型導致的胃腸道感染，死亡人群中有87.5%都是O型血，這意味著O型血的人對這種細菌可能更敏感[12]。

謠言粉碎。

血型確實跟某些疾病存在相關性，在人類演化初期像瘧疾這樣嚴重威脅人類生存的傳染性疾病影響了人類血型分佈。但血型並不像流言所說，跟一些具體疾病存在直接對應關係。現代社會個體患特定疾病的風險及患病後病情的嚴重程度，影響因素很複雜，血型不是唯一的影響因素。與其為自己的血型而擔憂，不如改變不健康的生活方式。

## 參|考|資|料


[1] (1, 2) Wikipedia. Blood type ABO and Rh distribution by country.

[2] (1, 2)陳稚勇、趙桐茂、張工梁，中國人ABO血型分佈，遺傳，1982。

[3] Jenkins PV, O' Donnell JS. ABO blood group determines plasma von Willebrand factor levels: a biologic function after all? Transfusion. 2006.

[4] Gallinaro L, Cattini MG, Sztukowska M, et al. A shorter von Willebrand factor survival in O blood group subjects explains how ABO determinants influence plasma von Willebrand factor. Blood. 2008.

[5] Kay AC, Kuhl W, Prchal J, Beutler E. The origin of glucose-6-phosphate-dehydrogenase (G6PD) polymorphisms in African-Americans. Am J Hum Genet. 1992.

[6] Desai DV, Dhanani H. Sickle Cell Disease: History And Origin. J Hematol. 2004.

[7] Defeating malaria in Asia, the Pacific, Americas, Middle East and Europe: Progress & impact Series, n. q. 2012.

[8] Loscertales MP, Owens S, O' Donnell J, et al. ABO blood group phenotypes and Plasmodium falciparum malaria: unlocking a pivotal mechanism. Adv Parasitol. 2007.

[9] Christine MC, Walter HD. The ABO blood group system and Plasmodium falciparum malaria. Blood. 2007.

[10] E Azevêdo, Kreiger H, Morton NE. Smallpox and the ABO blood groups in Brazil. Am J Hum Genet. 1964.

[11] Harris JB, Khan AI, LaRocque RC, et al. Blood group, immunity, and risk of infection with Vibrio cholerae in an area of endemicity. Infect Immun. 2005.

[12] Kaper JB, Morris JG, Levin MM. Cholera. Clin Microbiol Rev. 1995.

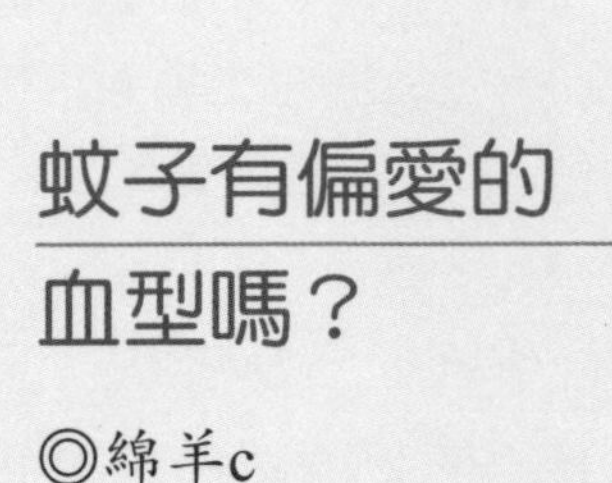

# 蚊子有偏愛的血型嗎？

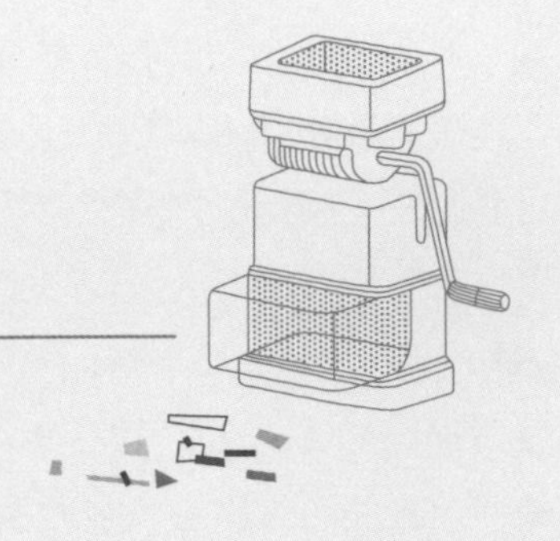

◎綿羊c

「我們A型血的人最會吸引蚊子了！」「我每次跟朋友出去都是被蚊子咬的最多的，O型血真不好！」你是否也經常聽見身邊的朋友這樣抱怨，他們都聲稱自己的血型最會招惹蚊子，但結論卻如此不統一，幾乎涵蓋了全部的血型（A、B和O型）。

蚊子叮人和血型有關嗎？還真有科學家做過這個實驗，研究成果發表在了著名的科學期刊《自然》上面[1]。實驗過程找來102個不同血型的人，然後讓他們把胳膊伸進裝有20隻蚊子的密封箱裡。十分鐘後，通過檢驗蚊子肚子裡的血液的血型來判斷叮咬情況。

對100多次實驗的結果進行分析發現，O型血的人被叮次數最多，作者得出結論O型血可能最容易吸引蚊子。對於原因作者並不清楚，但推測可能由於決定血型的抗原在皮膚表面和汗液中也有分佈，因此造成不同血型對蚊子吸引力的差異。

這個實驗完成於1970年代，那時對於蚊子的研究還在探索中。好玩歸好玩，結果可信嗎？就讓我們先瞭解一下蚊子到底怎麼決定叮咬目標的吧！

## 嗡嗡嗡，咬誰呢？

大家不難猜到，被蚊子叮咬肯定是由於你身上的什麼東西吸引它們找到了你，但你一定想不到吸引蚊子的物質竟然如此之多。只要你在呼吸、出汗或是散發熱量，你的溫度，你釋放出的水蒸氣、二氧化碳，你汗液中的丙酮、辛烯醇、乳酸等化學物質，林林總總幾十種，都在誘惑著蚊子，讓它們循著細微的蹤跡找到你。[2]

在眾多誘惑中，最重要的當數二氧化碳，這是蚊子找到你的主要線索。值得注意的是，吸引蚊子的不是單純的二氧化碳，而是二氧化碳的氣流，通過辨別氣流方向，蚊子才能鎖定目標。在野外實驗中，添加了二氧化碳的捕蚊器可以比沒有添加二氧化碳的同類捕蚊器多捕捉8~45倍的蚊子。而給人戴上一個裝有鹼石灰

（以中和呼出的二氧化碳）的面罩，可以讓他被蚊子叮咬的概率大幅下降。雖然不同種類的蚊子之間略有差異，但基本上靠著二氧化碳它們就能找到你，如果再配合上其他主要身體氣味物質，如乳酸、丙酮和辛烯醇，尋找起目標來會更加容易。值得一提的是，有研究指出，眾多驅蚊產品所含的避蚊胺（DEET）成分起作用的原理就是通過抑制蚊子的感受器，讓蚊子找不到你。[3]

所以一個剛運動完大汗淋漓的人就是蚊子的最愛，大口喘氣呼出的二氧化碳和汗水中的化學物質都對它們有強烈的吸引力。一些二氧化碳排出量比較多的人，比如新陳代謝較普通人快的孕婦等，也可能比其他人更易被叮咬。

另外，有人經常提到深色衣服易招蚊子，也是有道理的。當蚊子找到並飛近目標後，視覺就開始起作用，甚至對蚊子最終會不會落在這個目標身上有很大影響。蚊子的視覺系統在陰暗的環境中最活躍，太充足的光線或者完全黑暗都非它所愛，所以反光效果較弱的黑色最吸引它們。因為這種視覺偏好，在白天，蚊子喜歡黑色溫暖且潮濕的物體，比如你身上略帶汗水的黑色T恤。所以想躲避蚊子的話，下次出門要避免這類著裝喔！

關於蚊子的一些基礎研究在1990年代已大致明瞭，可在教科書中提到了那麼多吸引蚊子的因素，卻未提及任何血型在其中發揮的作用。主要的原因可能正是目前的研究還不能得出明確的結論。

## 血型吸引蚊子？眾說紛紜

讓我們回到那個有趣的實驗上吧。做這個實驗的科學家叫伍德（C. S. Wood），是一位研究瘧疾的專家。1972年她提出了蚊子叮咬與血型相關這個新穎的想法[1]，設計了實驗並給出了血型抗原的解釋假說。現在看來這個實驗略顯簡陋，實驗設計和資料的統計分析都沒有考慮和排除其他影響因素的幹擾，但創新精神可嘉。

此後，伍德又改進了她的實驗，對蚊子的著陸（landing）和吸血（blood meal）進行了區分（因為蚊子著陸在皮膚上並不一定會吸血），並且進一步考察了膚色、濕度、皮膚溫度[4]、相同血型中的分泌型和非分泌型[5]（分泌型，即血型抗原會分泌出現在汗水、唾液等體液中的人；非分泌型，則是汗水、唾液等體液中不含血型抗原的人。如果因為汗液中的血型抗原對蚊子確實有吸引力上的差異，那麼不同血型的分泌型之間、分泌型與非分泌型之間應當會表現出吸引蚊子程度的不同）等因素的影響。結果是膚色、濕度、皮膚溫度並不影響蚊子叮咬的次數，並且O型血的分泌型比O型血非分泌型、A型血的分泌型都更受蚊子青睞，與假說吻合。

只是，這些實驗都沒有考慮到諸如出汗、二氧化碳這樣重要的變數。這樣的不足在桑頓（Christine Thorntona）的實驗中得到了很好的補充。

桑頓和他的團隊也精心設計了一系列實驗，考察血型、出汗情況、膚色、體毛對蚊子叮咬的影響[6]。桑頓實驗的優點是消除實驗物件呼出的二氧化碳產生的影響，在單獨考察某種影響因素時最大可能地排除其他變數的影響。實驗得出的結論是，沒有發現蚊子叮咬與血型存在必然聯繫，膚色和體毛也同樣沒有影響，而出汗的影響則很顯著。在分泌型和非分泌型的比較實驗中，桑頓發現它們之間並沒有顯著的不同。

對於這個和伍德完全不同的結論，桑頓給出了自己的解釋，他認為伍德得到的結果很可能受到志願者呼出二氧化碳——吸引蚊子的重要因素——的影響而帶來誤差，並指出伍德的文章中存在兩處統計錯誤。

在這個話題沉寂了二十多年後，2004年，日本科學家白井重新開始研究這個問題[7]。這次的實驗對志願者比較人道，使用的都是被鋸了嘴的蚊子（對蚊子就不太人道了），但這樣也就混淆了著陸和吸血的情況。亮點則是針對血型抗原假說進行了手臂塗抹血型抗原的實驗。結果顯示，O型血對蚊子的吸引力除了較A型血而言有明顯優勢，較B型和AB型則不明顯，與伍德的結果（O型血較A型和B型都有顯著優勢）並不完全相同；但相同血型的分泌型和非分泌型之間並不具有統計上的顯著差異。手臂塗抹血型抗原的實驗則顯示，O型血的H抗原較A型血的A抗原更吸引蚊子，A抗原較B型血的B抗原更受到蚊子的喜愛，這倒是與伍德的結論類似。

但對於這樣的結果，白井自己也認為，即使是血型抗原實驗也無法作為蚊子對血型存在偏愛的實證，因為實際情況中抗原在人體表面分佈的濃度低到蚊子偵測不到的程度。綜合來看，白井認為自己的研究並不能證明血型與吸引蚊子的程度有關。對於伍德實驗結果與自己實驗結果的差異，白井推測可能的解釋是蚊子品種不同。

其實就血型吸引蚊子理論的主要假說——分佈在汗液和表皮中的不同血型抗原吸引了蚊子——本身而言，也是有很大漏洞的，因為這種抗原分佈的濃度如此之低，如白井研究中所說，蚊子可能偵測不到。而根據蚊子的覓食習慣，偵測並找到遠距離目標對它們來說非常重要。目前比較受認可的是，蚊子在尋找目標時，主要依賴的是二氧化碳、熱量以及一些揮發性的化學物質，這些線索在空氣中易於傳播的特點大大提高了它們覓食的效率和成功率，是更好的選擇。相比之下，身為糖脂的抗原不具備這個優勢，目前也的確沒有發現血型抗原對蚊子有什麼確切的作用。

總體來看，關於血型和蚊子叮咬的這些研究都還停留在較為粗淺的程度，並且都有著諸如樣本量不夠大、各血型人數相差巨大（可能志願者實在很難找）、對各種變數的控制和比較存在不足等問題。儘管有科學家表現出興趣，但針對血型吸引蚊子的研究也還是不多，並且研究之間也存在諸多分歧，使得目前並不能得出不同血型的人對蚊子的吸引力不同的結論。

謠言粉碎。

蚊子偵測和定位目標主要是靠二氧化碳、熱量、揮發性化學物質等因素，目前還沒有可靠的證據可以證明不同血型對蚊子的吸引力有差異。所以，別再抱怨無力改變的血型了，注意個人衛生、適當選擇驅蚊產品的作用更實際些。

## 參|考|資|料


[1] (1, 2) Wood C S, et al. Selective feeding of Anopheles gambiae according to ABO blood group status. Nature. 1972.

[2] A. N. clements, ed. The Biology of Mosquitoes. 1994.

[3] Ditzen M, M Pellegrino, Vosshall L B, Insect odorant receptors are molecular targets of the insect repellent DEET. Science. 2008.

[4] Wood C S. New Evidence for a Late Introduction of Malaria into the New World. Current Anthropology. 1975.

[5] Wood C S. ABO blood groups related to selection of human hosts by Yellow Fever vector. Hum Biol. 1976.

[6] Christine Thorntona C J D, J O C Willsona Judith L. Hubbarda. Effects of human blood group, sweating and other factors on individual host selection by species A of the Anopheles gambiae complex (Diptera, Culicidae). Bulletin of Entomological Research. 1976.

[7] Shirai Y, et al. Landing preference of Acdcs albopictus (Diptera: Culicidae) on human skin among ABO blood groups, secretors or nonsecretors, and ABH antigens. J Med Entomol. 2004.

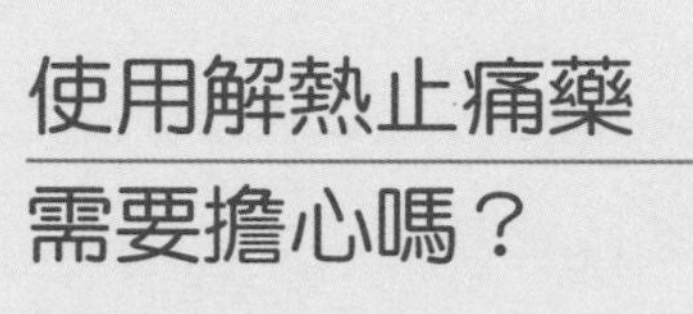

# 使用解熱止痛藥需要擔心嗎？

◎窗敲雨

感謝果殼網友@一個帥哥嗚翠柳對此文做出的貢獻。

一條關於解熱止痛藥布洛芬（Brufen）的消息引起了人們的關注：一個小女孩兒在服用解熱止痛藥布洛芬之後，造成雙目失明和全身90%的皮膚灼傷。

事件本身是在十年前發生的，此次只是對其賠償事宜的報導，但這樣的消息仍不免讓人對藥物的安全性產生擔心。

## 什麼是解熱止痛藥？

解熱止痛藥是一類環氧合酶抑制劑，它們通過抑制體內的炎症因數前列腺素的合成起作用，常見的非處方止痛藥、退燒藥和感冒藥常含有此類成分。最常見的藥物包括阿司匹林、對乙醯氨基酚、布洛芬、雙氯芬酸等。和需要處方購買的阿片類止痛藥（如嗎啡）不同，解熱止痛藥並不作用於痛覺中樞神經，所以不會造成上癮的症狀。

解熱止痛藥是我們在生活中接觸最多的一類藥物，人們在使用這些藥物時也經常會產生許多的擔心。這些擔心究竟有沒有道理呢？

## 服用解熱止痛藥需要擔心失明和皮膚灼傷嗎？

新聞報導中指出，這個女孩遭遇的是一種嚴重的皮膚疾病——中毒性表皮壞死松解症（Toxic Epidermal Necrolysis，TEN）。這種疾病會導致表皮角質細胞的大量死亡，進而出現廣泛的紅斑、壞疽以及表皮與黏膜的松解脫離。皮膚和黏膜的損傷可能帶來很多危險的情況，例如消化道出血、大面積的感染、呼吸衰竭等等，對眼睛也會造成損傷。

雖然不全由藥物導致，但接觸某些藥物是這種疾病最常見的誘因。和常見的藥物副作用不同，這種不良反應與藥物的藥理性質並沒有很密切的關聯，也並非布洛芬一類的解熱止痛藥所獨有。其他的很多常見藥物，例如磺胺類、青黴素、苯巴比妥等也可能導致TEN。這種疾病實質上是一種特殊的免疫反應，它的性質與過敏反應類似：往往在第一次接觸時不表現症狀，而在重複接觸時發病。

TEN十分罕見。據資料顯示[1]，這種疾病在世界範圍內的年發病率約為每100萬人0.4~1.3例，在美國的年發病率則約為每十萬人0.22~1.23例（資料差異可能源于診斷水準的差異）。

由於極其罕見，用藥時並不需要太擔心TEN的發生，不過由於它的嚴重性，這個問題依然需要得到重視。在2011年，歐洲藥品管理局就曾針對這種疾病發出警示，並建議修改相關藥品，提醒醫務人員留意可疑症狀，給予治療。不過，至今仍沒有專業人士認為應為此否定這些藥物的安全性並停止使用它們。

你不太需要擔心以下一些說法：

肝腎損傷：解熱止痛藥一般只在過量或長期累積時出現對肝臟和腎臟的損傷。其中肝損傷最常見的情況是對乙醯氨基酚服用過量，而止痛藥造成的「鎮痛劑腎病」一般發生在長期頻繁服用時（幾乎每天服用，持續數年時間）。只要遵循說明書的劑量要求，偶爾服用（例如每月痛經時服用一粒）不需擔心。

影響智力：民間有一些「吃止痛藥會變笨」的說法，但並沒有依據表明解熱止痛藥會讓人的認知功能變差。只有鴉片類止痛藥物在濫用時可能造成記憶力減退等「變笨」的情況。

不過你應該留意以下這些情況：

1. **掩蓋病情：**在很多情況下，帶來疼痛或發熱的疾病需要其他的治療才能真正好轉，自行服用解熱止痛藥可能掩蓋病情，延誤治療。如果症狀一直沒有緩解，應及時向醫生尋求幫助。

2. **過量服用：**很多人會在發熱疼痛時「憑感覺」服用非處方解熱止痛藥，這使人們容易忽略服藥間隔和劑量的限制。解熱止痛藥，尤其是對乙醯氨基酚，在過量使用時存在明顯的毒性。即使疼痛不緩解，也不應該在短時間內多次吃藥或是同時吃多種藥物止痛，含有重複成分的感冒藥和退燒藥也不能同時使用，在服藥之前仔細閱讀藥品說明書是很重要的。

3. **對胃和腸道的影響：**這類藥物最常見的副作用是對消化道的損傷。如果曾有過消化道潰瘍的病史，使用時最好諮詢醫生。酒精可能會增加這類藥物造成消化道潰瘍的風險，所以服用解熱止痛藥時也不應飲酒。

A

謠言粉碎。

出現了一例罕見的對於解熱止痛藥的嚴重免疫反應的新聞，並不等於不能再安全地服用此類藥物了。在服用非處方類解熱止痛藥時，注意不要飲酒，仔細閱讀藥品說明書，注意服藥間隔和劑量的限制。如果有消化道潰瘍的病史，服用前最好諮詢醫生。

參|考|資|料

[1] Medscape reference. Toxic Epidermal Necrolysis.

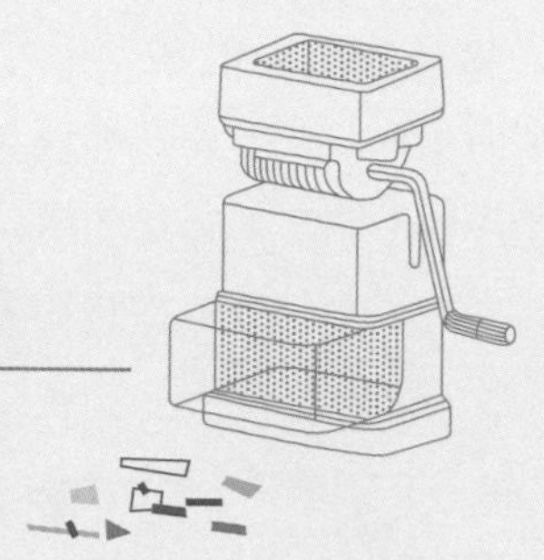

# 女性小便後要不要用紙巾擦？

◎和諧大巴

Q

生活中大多數女性如廁都離不開衛生紙。然而，這自以為是講衛生的習慣，卻恰恰是導致婦科疾病的潛在危險因素。現在很多衛生紙都是再造紙，其中帶有大量的細菌。過分頻繁地用紙巾擦拭，細菌很容易在陰道處停留並滋生，最好的辦法是小便後什麼都不用，每天換內褲就可以了。

女性小便後，用合格的衛生紙正確擦拭不會導致婦科感染，不擦反而有可能導致外陰及泌尿系統感染。因此小便後及時用乾淨的衛生紙擦乾才是正確做法。當然，勤換內褲也是應當提倡的。

## 擦，並不會導致陰道炎

陰道是個與外界相通的結構，不可能做到絕對無菌。不過，陰道依靠其自淨作用，能抑制致病菌的繁殖，保障陰道健康。在正常陰道菌群中，乳桿菌是種優勢菌群，雌激素使陰道的組織結構有利於陰道乳桿菌的生長，而陰道乳桿菌的代謝產物可以使陰道的pH值保持在3.8~4.4之間的弱酸性環境，從而抑制其他細菌的生長，這就是陰道的自淨作用。這種狀態下，即使是可能導致細菌性陰道炎的陰道加德納菌，由於數量少繁殖慢，也並不會致病[1]。正是因為這種自淨作用，環境中的少量細菌，或是在擦拭外陰時通過衛生紙沾染到陰道外口的少量細菌，都不會對陰道健康造成大威脅。

那麼陰道炎通常是什麼原因導致的呢？當陰道菌群的生態平衡被打破，或有較多量的外源病原體（例如毛滴蟲等）侵入，將可能導致陰道炎的發生。若體內雌激素降低（例如絕經後）或陰道的弱酸性環境被破壞（例如陰道灌洗），會使得陰道內的環境不利於乳桿菌的生長而破壞陰道的自淨作用。此外，長期應用抗生素抑制乳桿菌生長，或機體免疫力低下（例如糖尿病患者和長期使用激素或免疫抑制劑的患者），也可使其他致病菌成為優勢菌，引起陰道炎症。需要指出的是，性行為後陰道的弱酸性環境會被破壞，pH值可上升至7.2並維持六到八小時，因此頻繁的性行為可通過破壞乳桿菌的生長環境而成為陰道炎的危險因素[1]。

## 擦，對預防尿路感染有益

由於女性尿道較男性短且直，加之女性會陰部的皮膚有較深、較多的皺褶，因此尿道口處繁殖的細菌容易逆行感染，引起尿道和膀胱的炎症。根據國外資料，20~50歲的病人中，女性發生尿路感染者要比男性高50倍[2]。據世界衛生組織的統計，女性尿路及生殖道炎症中約50~60%是由下身不潔所造成的。

而預防尿路感染的最有效方法就是正確清潔。小便之後如果不及時擦乾，殘留的尿液會使內褲局部十分潮濕，給各種細菌提供了適宜的繁殖環境。這些細菌的生長繁殖反而容易使泌尿系統發生炎症。

除了泌尿系統容易受到感染，尿液局部浸漬還可能引起外陰炎和外陰濕疹等疾病。可見，排尿後及時擦乾是一個良好的衛生習慣，關鍵在於要選擇合格安全的衛生紙。

除了擦，女性日常陰部衛生該注意什麼？

1. 平時不憋尿，養成多喝水多排尿的習慣，尿流沖洗尿道有助於預防尿道炎。

2. 小便後及時將會陰部擦拭乾淨，並且選用合格的、清潔的衛生紙。

3. 使用正確的擦拭方式：由於尿道、陰道、肛門對細菌的防禦力依次遞增，而清潔度依次遞減，因此在擦拭會陰部時，應當從前往後擦。

4. 注意性生活期間的衛生。與陌生性伴侶進行性行為時注意使用安全套等保護措施，性伴侶患有傳染性疾病時應及時治療。

5. 避免泡澡，儘量採用淋浴。在非必需的情況下，儘量不要進行陰道灌洗。

6. 勤換內褲，並且內褲宜選擇寬鬆透氣的布料，如純棉或者透氣速乾的材質。緊身而不透氣的化纖內褲可壓迫外陰，導致外陰血液循環障礙和局部潮濕，造成非特異性外陰炎等疾病。

7. 如有外陰部不適，及時就醫。

A

謠言粉碎。

小便後應該用清潔的、合格的衛生紙產品及時擦乾外陰部。從衛生角度考慮，「我不擦」的做法並不可取。

## 參|考|資|料

[1] (1, 2)樂傑主編，婦產科學（第七版），人民衛生出版社，2008。

[2] Beers M H主編，薛純良主譯，默克診療手冊（第17版），人民衛生出版社，2006。

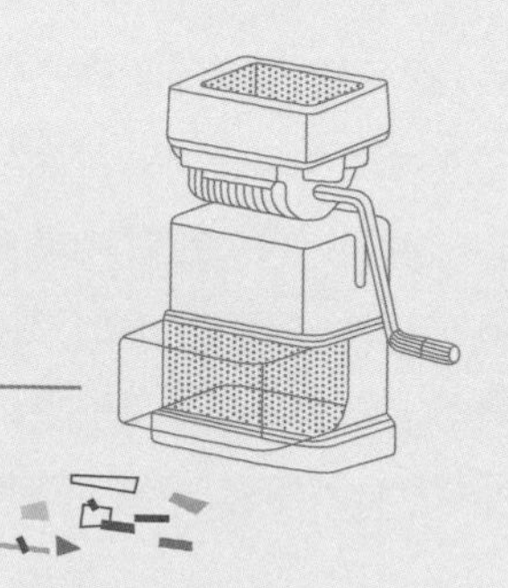

# 濕紙巾暗藏殺機？

◎和諧大巴

Q

忠告女性朋友，千萬別用濕紙巾這類添加了製劑、草本、香型等等的衛生產品！濕紙巾用起來涼涼的感覺，是因為這個衛生巾在表層材料上添加了薄荷劑，薄荷劑在使用的過程中會慢慢釋放，從而破壞陰道的弱酸環境，使陰道自身的抵抗能力下降！用了會讓月經量越來越少。

使用濕紙巾，不至於破壞陰道內的弱酸性環境，更不會導致月經量變少。只要是衛生合格的衛生巾，使用何種類型只是個人習慣。但需要注意的是，敏感皮膚和過敏體質的女性，應當慎用添加香料和藥物成分的衛生巾，以免引起皮膚刺激和過敏反應。

## 濕紙巾的清涼感是怎麼來的？

「涼」通常是皮膚或黏膜對溫度的感覺，然而，並非所有「涼」的感覺都是因為溫度的改變。薄荷中含有一種叫薄荷醇的物質，這種物質及它的一些衍生物可以刺激皮膚和口腔中的寒冷感受器——一種特殊的蛋白質叫作TRPM8受體，讓機體產生「冷」的感覺，而實際上溫度並未改變。[1]

TRPM8受體存在於感覺神經元裡，曾被稱為「寒冷與薄荷醇受體1（CMR1）」。顧名思義，薄荷醇等化學物質能像寒冷本身一樣啟動這種受體，產生「冷」的感覺。TRPM8受體的激動劑除了薄荷醇，還有一種人工合成的化合物「Icilin」，其產生的冷感比薄荷醇強200倍[2]。此外，芳樟醇、香茅醇、羥基香茅醛、薄荷醯胺（WS-3、WS-23）、薄荷甘油縮酮、乳酸薄荷酯等物質也是TRPM8受體的激動劑，能使之產生冷感[3]。

## 薄荷劑會破壞陰道的弱酸性環境嗎？

我們知道，陰道並不是一個無菌的環境，但其微生態環境的平衡對外界微生物的侵入有一定防禦功能，稱為陰道的自淨作用。雌激素、陰道乳桿菌和陰道的弱酸性環境是構成陰道自淨能力的三個重要環節。這三個環節中的一個或者幾個被打破，陰道的防禦能力便會降低，容易受到外源病原體的侵襲，導致陰道炎。

對薄荷醇的研究表明，薄荷醇本身具有一定抑菌能力，這恐怕是流言中「破壞生殖器的弱酸環境」的來源。如果薄荷醇抑制了陰道內乳桿菌的繁殖，理論上確實可能導致陰道弱酸性環境的破壞，從而讓使用者容易患上陰道炎。

不過在實際情況中我們應當注意到的是，薄荷醇對多數細菌的最低抑菌濃度（MIC）約為0.04~0.2mg/ml[4]，大約可折合為40~200ppm。而薄荷醇的涼感閾值在0.8~3ppm左右[5]，要產生涼感所需的濃度遠小於薄荷醇的最低抑菌濃度。如果僅僅是出於讓皮膚或黏膜產生涼感的目的，局部使用的薄荷醇濃度未必能達到最低抑菌濃度。同時，如果使用的是添加薄荷醇的衛生巾，僅僅是放置在陰道口附近，並不是置入式的衛生棉條，實際能進入陰道的薄荷醇的量更是十分微小，遠達不到其最低抑菌濃度。因此，擔心衛生巾中添加的微量薄荷醇會對陰道內的正常菌群產生影響大概是沒有必要的。

## 薄荷劑會導致月經量變少嗎？

網上有不少說法提到，薄荷醇會進入子宮引起宮寒，導致月經異常。這個說法是真的嗎？

關於「宮寒」的概念，現代醫學中大約對應的是痛經和月經過少的症狀。痛經的原因主要在於經期分泌的前列腺素過多，引起子宮平滑肌過強收縮及血管攣縮所致。雖然寒冷也會導致子宮平滑肌和血管收縮而可能加重痛經，但並非痛經的主要原因。

而月經過少通常是與內分泌失調，以及刮宮、人工流產等子宮手術導致子宮內膜變薄有關。一來薄荷醇沒有性激素的藥理作用，不會影響內分泌，也就不會對月經產生影響。二來子宮和陰道是相對隔離的兩個環境，只在經期宮頸口會微微打開以便排出宮腔內產生的月經，因此能夠從衛生巾表面擴散進入宮腔的薄荷醇等化學物質微乎其微，不可能對宮內環境造成影響。

## 不要迷信草本衛生巾宣傳的所謂功效

雖然這種濕紙巾不太可能對陰部健康產生危害，但是這類添加了其他成分的經期用品確實有些需要注意的地方。

一些所謂的草本濕紙巾會宣傳對女性有某些保健和治療作用，這一點不可輕信。因為一方面並沒有可靠的證據表明這些宣傳的功效是實際有效的，另一方面，由於皮膚的結構緻密，藥物吸收有限，就算是在其他方面證明有效的藥物，也不代表用在濕紙巾上（這種特殊奇異的給藥方式）同樣有效。

另外，對於敏感皮膚和過敏體質的女性，使用這類添加了香料和藥物成分的衛生巾還要留意可能帶來的皮膚刺激和過敏反應。

總之，濕紙巾的「功效」僅僅是其產生的清涼感覺，對於部分使用者來說是一種舒適的體驗，如何選擇還看消費者自己的考量。

謠言粉碎。

使用濕紙巾，不會破壞陰道內的弱酸性環境，更不會使月經量變少，它所帶來的清涼感覺對於部分使用者是一種舒適的體驗，是否選擇還看消費者自己的考量。

大巴認為，此事件給商家的教訓是，這類直接接觸皮膚的個護用品，還是應當謹慎添加各種藥物和添加劑。對於具有爭議的添加劑，應當表明其化學成分和添加量，以及其可能產生的作用和副作用等。這樣不僅尊重了消費者的知情權，使消費者在使用時更加放心，也通過事實來避免流言對產品的負面影響。

## 參｜考｜資｜料


[1] Wikipedia. Menthol.

[2] Wikipedia. Icilin.

[3] Wikipedia. TRPM8.

[4] 陳華萍等，華芙露的抗菌實驗研究，中國藥師，2001。

[5] Menthol Background & Menthol Enantiomers-Organoleptic Properties.

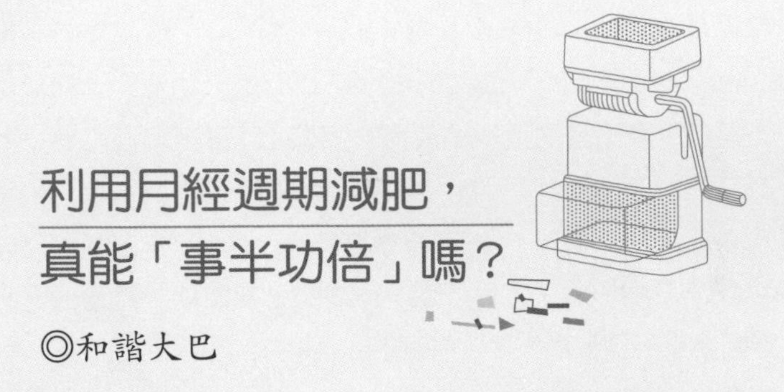

# 利用月經週期減肥，真能「事半功倍」嗎？

◎和諧大巴

減肥也有「生理週期」！月經第14天左右熱量消耗是平時的兩倍，此時期消化吸收功能不好，故可以吃高熱量的東西也不會胖。月經結束後的一周是減肥超快期，在這期間節食加運動效果會更好。

月經是正常排卵的未孕女性例行的約會，在整個月經週期內女性體內的雌激素和黃體素的水準都會有很大的變化。對於多數月經週期規律正常的女性來說，自月經第1日至卵泡發育成熟（大約2周後）是卵泡期，體內黃體素水準仍保持低水準，但雌激素水準逐漸升至最高，為排卵做好準備。排卵日大概在月經來潮的第14天。排卵日至下次月經來潮前是黃體期，體內的雌激素、黃體素水平均較高。

黃體素具有促使胃腸平滑肌鬆弛、胃酸及胃蛋白酶分泌減少、胃排空延緩、膽囊排空時間延長、腸蠕動減弱等作用，可能會導致女性在黃體期食欲不振、消化不良、吸收功能下降。這可能是流言所說「月經第14天左右消化吸收功能不好」的由來。不過這種影響一般在懷孕時較為明顯（黃體素水準更高），而在普通月經週期中，黃體素水準沒有那麼高，表現並不明顯。並且，吸收功能下降並非不吸收，如果進食過多熱量，同樣會轉化為脂肪儲存起來，在任何階段都不應該認為「吸收不好，不會發胖」而放縱自己暴飲暴食。[1]

「熱量消耗是平時兩倍」的說法則完全沒有道理，後面的能量代謝部分會詳細說明。

## 月經週期的能量代謝

正常人體在不進行任何活動時的能量代謝水準通常用基礎代謝率來衡量，這是機體為了維持正常生理功能而進行的最小產熱速率。體溫每升高1℃，基礎代謝率升高13%左右[2]。對於一般的女性，基礎體溫在排卵後要升高0.3~0.5℃。如果以基礎代謝率為1,200千卡每天來算的話，黃體期每天的消耗只比平時多47~78千卡熱量，相當於騎自行車15分鐘。

當然，以上只是簡單的理論推測，實際上人不可能只處在基礎代謝的狀態，因為身體的其他活動，實際的消耗會更大。霍爾頓等研究者在2002年發表的文章中，將月經週期分為早卵泡期（雌、黃體素水平均低）、卵泡中期（雌激素升高，黃體素水準低）和黃體中期（雌、黃體素水平均高）進行實驗，在90分鐘的中等強度體力活動中，正常體重女性的能量物質氧化水準和葡萄糖利用水準在這三個階段並無顯著差異[3]。瓦卡沙（Vaiksaar）等研究者在2011年發表的文章中，將月經週期分為卵泡期和黃體期進行實驗，發現在一小時測功儀練習中，女賽艇運動員的能量消耗、氧耗水準、運動和靜息的心率水準、能量物質的氧化水準，以及體內乳酸水平均和月經週期無關[4]。

以上研究證據說明，從能量消耗總量的角度來看，月經週期本身並不會帶來大量的能量消耗，而在月經週期的不同階段運動，所消耗的能量也沒有明顯不同。基本可以斷定月經週期對於減肥沒有推波助瀾的作用。

## 能量消耗的方式

能夠為人體提供能量的基本營養物質是糖、脂肪和蛋白質。在營養充足的情況下，通常不會消耗蛋白質，而是首先利用糖和脂肪。糖的吸收和使用都很便捷，除了氧化供能之外，在氧供應不足情況下還能通過無氧酵解來應急，因此越高強度的運動，身體對糖的消耗比例就越高。脂肪雖然代謝較慢，但完全氧化所產生的能量是糖的兩倍多，因此，脂肪能緩慢、持久地提供穩定的能量，彌補糖供能的不足。低強度的持久性運動能夠顯著增加脂肪的消耗比例。[2]

減肥的目標是減少身體脂肪含量。在運動中，能量消耗是以葡萄糖為主還是以脂肪為主，除了與訓練強度、訓練狀態和個人飲食有關，與性激素水準也有著一定的聯繫。關於性激素水準對能量消耗的影響，目前學界一致認可的是男女之間存在差異，雌、黃體素可能有促使葡萄糖與脂肪的供能比例發生調整的作用。對於個體女性在月經週期中各階段的激素變化是否對葡萄糖與脂肪的消耗比例有顯著影響，目前尚存爭議。

現有的實驗證據中，有的研究發現卵泡期進行次極量水準（無氧代謝為主）的訓練時，葡萄糖消耗更多而脂肪消耗較低[5]，這大概是支持黃體期減肥比卵泡期更有效率的依據，也有的研究認為在整個月經週期中進行訓練，能量物質的消耗變化水準甚為微小[3]。不過，即使是認為卵泡期比黃體期葡萄糖消耗多而脂肪消耗少的研究者也承認，中低強度運動（有氧代謝為主）時這些差異便不存在[5]。減肥主要採用的是中低強度的運動，由此看來，希望通過選擇在月經週期裡的某些特殊時期運動來調整身體脂肪比例，只能是收效甚微。

## 正確減肥，你必須知道的事

1. 運動和飲食相結合才能甩掉多餘的體重。減肥並非單純增加能量消耗就可以成功，飲食控制也十分重要。這裡並不提倡節食（不吃東西），而是控制食物中的碳水化合物和脂肪的攝入。米飯和饅頭提供了大部分碳水化合物，如果它們過量，同樣會轉化成脂肪儲存起來。

2. 並非所有運動方式都適合減肥。短跑、舉重這些力量和爆發力的訓練主要通過無氧代謝供能，葡萄糖會轉化為乳酸堆積起來，造成肌肉酸痛。正確的選擇是有氧運動，如快步走、游泳、慢跑等中等強度、持續性的運動，心率達到估計最大心率（220減去年齡）的70~85%後持續20分鐘以上[6]，這樣的運動才能保證最有效的脂肪燃燒。

3. 減肥一定要持之以恆！肥胖是遺傳和生活習慣共同作用引起的，如果跟別人吃同樣多的食物，做同樣強度的運動，別人沒胖您胖了，說明您體內可能本身就帶有肥胖基因。這時減肥便像逆水行舟，不進則退。如果還想保持好的體型，就必須比別人付出更多的努力，適當控制熱量攝入，每天運動60~90分鐘，堅持不懈[7]。

4. 減肥要有一定的計劃性，體重減得過快對健康也有不利影響。通常推薦減重的速度是每月2,000~3,000克，不可急於求成[7]。

謠言粉碎。

月經週期幫不上減肥什麼大忙，關鍵是掌握正確的減肥方法並持之以恆。

## 參|考|資|料


[1] 樂傑主編，婦產科學，人民衛生出版社，2008。

[2] (1, 2)姚泰主編，生理學，人民衛生出版社，2005。

[3] (1, 2) Horton TJ, et al. No effect of menstrual cycle phase on glucose kinetics and fuel oxidation during moderate-intensity exercise. Am J Physiol Endocrinol Metab. 2002.

[4] Vaiksaar S, et al. No effect of menstrual cycle phase on fuel oxidation during exercise in rowers. Eur J Appl Physiol. 2011.

[5] (1, 2) Zderic TW, et al. Glucose kinetics and substrate oxidation during exercise in the follicular and luteal phases. J Appl Physiol. 2001.

[6] CDC. Physical Activity for Everyone, Target Heart Rate and Estimated Maximum Heart Rate.

[7] (1, 2) CDC. Healthy Weight, Losing Weight.

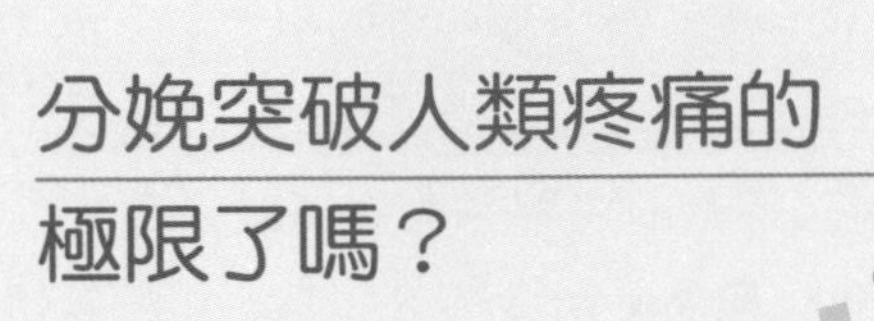

# 分娩突破人類疼痛的極限了嗎？

◎薄三郎

你知道嗎？人體最多只能承受45單位的疼痛。但在分娩時，一個女人承受的痛卻高達57單位。這種痛相當於20根骨頭同時骨折！男孩們，你們不僅現在要愛媽媽！以後也要好好愛老婆。

若在網路搜索這條流言的內容，會發現其出現時間為2011年9月20日前後，此前並未見有類似的網路描述。不過，若是將該內容轉換為英文再進行搜索，就會發現有意思的事情了。兩年前的雅虎問答就出現過類似的描述[1]，仔細閱讀會發現，中文的這條「分娩疼痛高達57個單位」就是從這條英文問答翻譯過來的。

「母親分娩疼痛是57，人體所能承受的疼痛是45」的說法，到底是由何而來的呢？很遺憾，搜索網路、美國國立醫學圖書館的文獻資料庫PubMed，都沒有找到這方面的文獻。換句話說，人體所能承受的疼痛限度與分娩疼痛的數值，很可能是一次網路上的以訛傳訛，並無確鑿的醫學證據或研究做支持。

## 疼痛的度量和單位

那麼，疼痛有沒有單位呢？答案是有的。流言裡的「單位」其實指dol，它是疼痛這個詞的拉丁文單詞「dolor」的縮寫。在1940年代後期，美國康奈爾大學的三位研究者詹姆斯．哈迪（James D. Hardy）、赫伯特．沃福（Herbert G. Wolff）和海倫．古德爾（Helen Goodell）根據此前他人的研究成果，建立了這一疼痛度量標準[2]。最初，他們將其稱為「Hardy-Wolff-Goodell等級」，一共分為十級，並創造了一個單位，也就是用dol來描述這十個等級。那麼，1dol的疼痛到底是什麼呢？其定義為最小視覺差（Just Noticeable Difference），也就是對這一最小差異量的感覺能力。具體的做法是，研究者用棱鏡將光聚焦於人體皮膚上，隨著溫度的升高，看人體的忍受限度來進行疼痛定義，這些光來自一盞1,000瓦的電燈泡。這台儀器被稱為測痛儀（Dolorimeter）。

遺憾的是，dol這一描述疼痛的單位從來都沒有被廣泛應用，它像曇花一現般存在於學術研究裡。由於三人的實驗結果不能被重複，他們的疼痛測量方法與工具均被學界否定了。想想也是，疼痛作為一種極為複雜的主觀感受，運用疼痛測量儀劃分dol等級，不容易掌握，臨床上一點都不實用。此後dol也躋身五大最怪異的科學度量單位[3]。

疼痛是傷害性刺激作用於機體所引起的一種不愉快的體驗，伴有感覺、知覺與情緒反應，對疼痛的體驗與感受因人而異，對疼痛的敏感程度也不一樣，因此目前測量疼痛的黃金標準，依然是病人對所經歷疼痛的表達。可是，如何準確度量只有自己知道的疼痛程度呢？目前臨床上最常用的測量方法是視覺類比評分法（簡稱VAS法），依然是依託於人們對疼痛的主觀體驗，並非絕對客觀的測量方法。

VAS法的主要道具「痛尺」其實是一把長約十公分的游動尺規。尺的一面標有十個刻度，兩端分別為0分端和10分端。0分表示沒有疼痛，10分則代表難以忍受的最劇烈的疼痛，從0到10依次表示疼痛的程度在不斷增加，愈來愈難以忍受。在測量疼痛時，向病人說明這把尺的含義，然後將有刻度的一面背向病人，讓病人在直尺上標出能代表自己疼痛程度的相應位置，醫生再根據病人標出的位置為其評出分數。

如果分數在3分以下，那麼恭喜你，雖然感覺到疼痛但並不太嚴重，不太會影響你的睡眠；但如果在7分以上，很不幸，你現在肯定疼痛難忍，極需要醫生用一些鎮痛藥物來幫你渡過難關了。

VAS法已成為疼痛測量的最常用方法。當然，VAS方法現多用於外科手術的患者，評價他們手術後切口的疼痛程度。如果曾做過手術，相信你對此並不陌生。對於小朋友，讓他們說出痛的程度，以圖畫方法更簡單直接，一個笑臉意味著不是很痛，一個哭臉則代表痛得厲害。不過，它採取的是讓疼痛者說出自己所認為的疼痛程度，並非完全的客觀指標評價。

## 分娩到底有多疼？

那麼，孕婦生產時到底有多疼呢？這依然是個因人而異的問題。一般說來，在生產過程中，最開始是輕度的宮縮不適，猶如經期子宮痙攣一般，在隨後的第一產程直至生產完畢，疼痛的強度逐漸增強。就整體而言，初產婦分娩時疼痛程度顯著高於再產婦。也有不少孕婦反映，就她們所經歷的疼痛烈度而言，膽結石等所引起的膽絞痛比分娩痛要厲害許多。當然，作為一名男性來談女性的分娩痛，總有些憑空抓瞎的感覺。每個人對疼痛的敏感程度、承受能力、描述用語都是不盡相同的，這裡也只能從醫學上來描述。

分娩痛總是來時緩慢，逐漸增強，直至痛到頂點，最後又緩慢地褪去。有人曾詩意地形容它就像是海浪向岸邊湧來，最開始平緩不疾不徐，浪頭逐漸增強，越來越大，直至成為衝擊海岸的沖天浪濤，隨後潮水慢慢褪去……目前，隨著國內各地不少醫院逐漸開展的分娩鎮痛項目[4]，分娩痛這一讓女性「聞之喪膽」痛不欲生的體驗，逐漸得以緩解。

若認真看這條流言，你就會發現尷尬的搞笑點，如果人體最多只能承受45單位疼痛，但女人分娩時疼痛達到57單位，那說明女人已經不是人類了嘛。流言的目的是期望廣大同學們疼愛身邊的女性，無論是自己的母親，還是妻子。不過，我總覺得，凡事還是多一點「從科學上講」的精神比較好。

A

謠言粉碎。

人們對疼痛的體驗與感受是因人而異的，對疼痛的敏感程度不一樣，因此對疼痛的測量依託於人們對疼痛的主觀體驗，並非絕對客觀的測量方法。「人體最多只能承受45單位的疼痛，但在分娩時的痛卻高達57單位」的說法沒有醫學證據，是網路上的以訛傳訛。

## 參|考|資|料


[1] Yahoo answers: Did you know how much pain a mother has when giving birth?

[2] James D. Hardy, Harold G. Wolff, Helen Goodell. Studies on Pain: Aninvestigation of Some Quantitative Aspects of the Dol Scale of Pain Intensity. The Journal of Clinical Investigation. 1948.

[3] Listverse: 5 weird scientific.

[4] 趙承淵，分娩鎮痛：醫學技術帶來的人文關懷，科學松鼠會，2011。

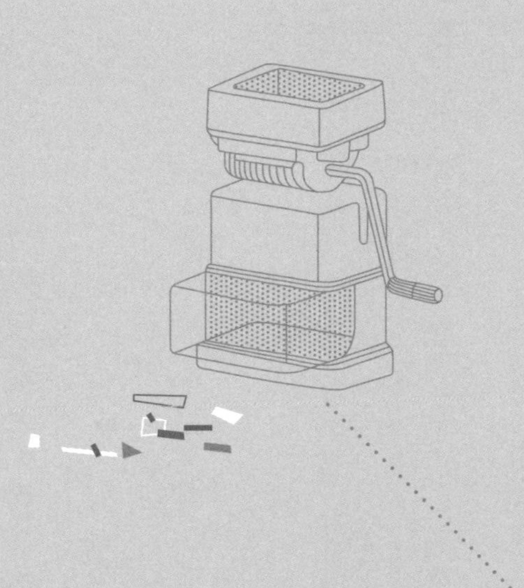

3

第三章 /

# 外面的世界沒那麼無奈

# 抗生素濫用：危害有幾何？

◎和諧大巴

抗生素濫用情形日益嚴重，且「抗生素濫用嚴重損害抵抗力，這也是癌症急劇增加的一大原因」。

抗生素濫用確實是全世界都面臨的嚴重問題，但過度使用抗生素的危害在於加速耐藥細菌的蔓延，而不是損害人的抵抗力和導致癌症。

## 抗生素會導致癌症和損害免疫力嗎？

確實有一些研究顯示，使用抗生素與增加癌症風險相關。一項納入了四個病例對照研究和一個佇列研究的綜合分析顯示[1]，使用抗生素與乳腺癌風險輕微增加有關，另外也有研究提示抗生素使用與其他癌症（如前列腺癌、肺癌）風險增加存在相關性。

不過，我們並不能以此得出「使用抗生素會致癌」的結論。原因有三：

1. 風險增加是統計分析得出的結論，雖然有統計學意義，但實際癌症風險增加並不大。以上述綜合分析為例，調查發現使用抗生素的女性患乳腺癌的風險約為不使用者的1.175倍，而乳腺癌的發病率約在萬分之二到三之間[2]，絕對風險的增加並不多。

2. 目前的研究只能說明抗生素使用與癌症風險增加相關，不能證明兩者的因果關係，常使用抗生素的人也可能是由於其他原因更易患癌症。

3. 可能存在其他未加控制的因素影響研究結果。

至於免疫，抗生素會對免疫系統造成一些影響，但幾乎不會損害免疫力。很多藥物都有引起白細胞減少的副作用，抗生素也不例外，作為免疫防線一部分的白細胞，減少之後可能引起免疫力下降。但這種副作用的發生率並不高（在百分之一以下），即使發生也多為少量減少，不足以影響免疫力，而且停藥後就可以恢復。

此外有一些抗生素，如阿奇黴素，還具有免疫調節的作用。阿奇黴素可以緩解非細菌感染引起的炎症反應，對治療哮喘等疾病可能有益[3]，而且它不會抑制正常的免疫反應。

總的來說，抗生素對免疫系統有一些影響，與輕度增加癌症風險相關，但不能說它會導致癌症和損害免疫力。

## 耐藥：抗生素濫用真正的危害

不合理使用抗生素的真正危害在於抗生素加劇了細菌耐藥的情況。

抗生素在殺滅細菌的同時，也起到了篩選耐藥細菌的作用。隨著突變，少部分細菌產生新的耐藥基因，它們在抗生素造成的生存壓力下存活下來並繼續繁殖，久而久之，耐藥細菌就會越來越多，造成抗生素失去治療效果。如果太多地把抗生素用在不必要的地方，就會增加環境中的細菌接觸到抗生素的機會，從而加快耐藥「菌」團的擴張。

現在，細菌耐藥形勢已經十分嚴峻。細菌對目前廣泛使用的抗生素，大多有較高的耐藥率。根據中國細菌耐藥檢測網2009年的資料[4]，在國內一百餘家醫院內檢出的細菌中，葡萄球菌（金黃色葡萄球菌及表皮葡萄球菌），對甲氧西林、大環內酯類、諾酮類等多種常見抗生素均有超過50%的耐藥率，大腸桿菌對諾酮及第三代頭孢菌素的耐藥率也都在50%以上，且有66.2%的大腸桿菌可以產生超廣譜β–內醯胺酶，這是一種可以分解多種青黴素和頭孢菌素類藥物的酶，如果細菌可以產生這種酶，就能同時抵禦多種同類抗生素的襲擊。產生這種酶的常見細菌主要有大腸埃希氏菌（也就是大腸桿菌）和肺炎克雷伯氏桿菌。不僅如此，絕大多數抗菌藥物都不能殺死的「超級細菌」也紛紛登場。

以往，人們通過開發新的抗生素來解決耐藥問題，但現在開發新抗生素的速度已經遠遠趕不上細菌耐藥的腳步了，因此，通過控制抗生素使用減慢耐藥細菌的蔓延就變得非常必要。

## 減少濫用，我們能做什麼？

合理使用抗生素是一個複雜的課題，需要專業人士綜合運用細菌耐藥資料、藥物特性、感染風險評估、疾病特點等專業知識才能做出適當的選擇。不過，身為非專業人員，牢記以下幾條對促進減少抗生素濫用有所幫助：

1. 不要自己決定是否用藥。抗生素是處方藥，需經過醫生的判斷再使用。

2. 不要自己停藥或減量。抗生素並非用量越少越好，要知道，不足量的使用更容易催生耐藥。

3. 不要追求新的、高檔的抗菌藥物。

4.. 無論何時，消毒和隔離都是對付病菌的好方法。

謠言粉碎。

抗生素濫用是值得關注的問題，但抗生素並不會摧毀人的免疫系統，也沒有證據表明它會致癌。為了引起人們對抗生素濫用的重視而誇大其危害並不是值得贊許的做法。如果因此產生對抗生素的誤解，可能會在確實需要使用時抵制用藥，延誤了治療，反而可能危及健康和生命。

## 參|考|資|料


[1] Sergentanis TN, Zagouri F, Zografos GC. Is antibiotic use a risk factor for breast cancer? A meta-analysis. Pharmacoepidemiol Drug Saf. 2010.

[2] 王慶生、林小萍，中國乳腺癌流行病學研究，全國腫瘤學術大會論文集，2000。

[3] Hernando-Sastre V. Macrolide antibiotics in the treatment of asthma. An update. Allergol Immunopathol (Madr). 2010.

[4] 呂媛、鄭波、李耘等，衛生部全國細菌耐藥監測（基礎網）報告，第八屆全國抗菌藥物臨床藥理學術會議論文集，2009。

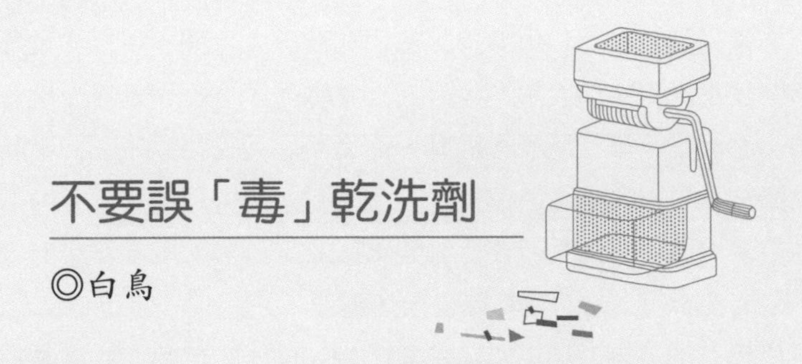

# 不要誤「毒」乾洗劑

◎白鳥

洗衣店夫妻皆罹患血癌去世！醫師表示：乾洗劑含致癌物質……

斗大的新聞標題讓不少有送洗衣物習慣的民眾人心惶惶，不過「乾洗劑讓衣服帶毒」的指責是否合理，倒是值得來討論一下。

## 什麼是乾洗？

乾洗是相對於水洗來說的。我們日常的絕大部分清潔是由水作為溶劑來實現的，而乾洗則是用有機溶劑代替水來清潔織物。

如果把織物上面的污漬按照它們的溶解性分類，可以大致分成脂溶性和水溶性兩大類。其中絕大多數污漬，特別是像血液、奶漬、油污等等難以清理的物質，都屬於脂溶性物質。它們不易與水結合，常規的水洗過程清潔能力較差，而使用脂溶性強的有機溶劑來清潔這類物質則容易很多，這和早年間勞動人民想到用煤油來清洗衣服上的油污其實是一個道理。

使用有機溶劑的另一個好處是，相比於水它們對某些織物的纖維損傷更小。除此之外，有機溶劑在清潔的過程中還可以殺滅更多的微生物。

## 四氯乙烯是不該使用的乾洗劑嗎？

因為乾洗的這些特點，在選擇使用哪種有機溶劑（或者幾種化學物質的組合）作為乾洗劑時，我們關注的關鍵指標有脂溶性物質的溶解能力、乾洗劑對纖維和色度的損傷度，以及它的殺菌能力。另外，從實用的角度考慮，也要看清洗結束後能否儘量簡單地將乾洗劑從衣物中脫除乾淨，以及乾洗劑的成本、毒性等等因素。

相比於煤油、汽油等石油烴類溶劑，四氯乙烯確實毒性較大，但因為在其他各方面都佔有明顯優勢，所以直到目前，它仍然是絕大多數乾洗店使用的乾洗劑，也是准許使用的乾洗劑。

雖然是准許使用，但對消費者來說，毒性問題恰恰是最關注的問題。

## 怎樣讓四氯乙烯變得安全？

事實上，消費者是不需要擔心安全性的。通過乾洗後的衣物接觸到的四氯乙烯的劑量極為有限，遠不足以引起過敏、麻醉等症狀，更不會造成肝中毒、致癌等其他需要更大劑量更長期接觸才會產生的危害。這從乾洗的步驟中就可以瞭解。

與日常水洗類似，衣物的乾洗也大致分為三個步驟：

1. 將衣物浸泡於溶劑中，通過滾攪使污漬與溶劑充分接觸，並被帶離織物：在水洗中，因為大部分污漬不溶於水，這個過程需要洗滌劑的輔助。

2. 離心脫除乾洗劑：因為不需要添加洗滌劑，也就沒有了水洗中漂洗的步驟。

3. 加熱進一步去除織物上的乾洗劑：有機溶劑的揮發性強於水，本就易於從織物中脫除，但烘乾過程仍會將溫度提升到80℃左右，停留15分鐘，以保證儘量將乾洗劑祛除乾淨。[1]

如果消費者對於經歷了這種苛刻的烘乾過程的衣物仍不放心，你還可以把剛從乾洗店取回的衣物晾曬一兩天再收入衣櫥中。

乾洗後織物上殘留的四氯乙烯量即使用目前最精密的儀器分析方法來測量，含量也是很低的，如果再放置幾天，即使是不通風的情況下，織物上殘留的四氯乙烯也基本無法檢出了。再考慮到送去乾洗的衣物通常都不是貼身穿著的，接觸到的可能性更微乎其微。消費者並不需要擔心自身的安全。[2]真正需要擔心的，其實是乾洗店的環境和在那兒的操作人員。

## 「綠化」乾洗

在一個行業內，保護員工與環境的最優方法是找到廉價且無毒的原料。

60多年前，四氯乙烯就確定了自己在乾洗業中的地位，至今無人撼動，但是不斷嘗試尋找更安全有效的替代溶劑仍是努力的目標。目前最理想的替代品是液態二氧化碳，它無毒，易於與織物分離，清潔力雖稍遜於四氯乙烯，但的確很有希望改變現有局面[3]。不過，在目前的技術水準下，要將二氧化碳維持在液態，運營成本還是太高。所以乾洗劑仍待更高級的技術來給它去毒、降價。

找不到更清潔的替代原料，也可以退而求其次，用更多的手段限制有毒原料的洩漏與排放。例如，使用全封閉式的乾洗機，就可以回收烘乾過程中揮發出的四氯乙烯，既節約成本，又保護了員工和環境。另外，使用過的四氯乙烯可以通過蒸餾純化實現重複利用，就減少了消耗和污染。除此以外，員工需要做好防護措施，並保證良好的通風條件等。

很多時候，技術是解決問題的終極手段，而在它出現之前，則需要優秀的管理來保證安全。

**洗衣小提示：**

1. 並非所有衣物都適合乾洗，還是要參照衣物上的洗滌標示作清洗。

2. 乾洗後的衣物取回後，在通風處放置兩到三天，乾洗劑殘留量即可低至無法檢出。

3. 滌綸織物存留四氯乙烯的能力略強，建議水洗，如經乾洗，需多加晾曬。

# A

謠言粉碎。

目前乾洗行業還無法實現乾洗劑無毒化，但衣物上的微量殘留對消費者的健康並不構成威脅，這個行業需要良好的管理來保證員工和環境的安全。

## 參|考|資|料


[1] 佘瓊蕾、劉欣，四氯乙烯商業乾洗技術規範的標準化，印染，2011。

[2] 施點望、塗貌貞等，靜態頂空—氣相色譜質譜聯用法測定紡織服裝中四氯乙烯乾洗劑殘留研究，品質技術監督研究，2009。

[3] 吳微微、王淑娟，乾洗對服裝面輔料配伍性影響的聚類分析，紡織學報，2007。

# 發票收據隱藏雙酚A？

◎月月

Q

發票收據中含有的雙酚A可以通過皮膚進入人體，影響人們的生殖系統，並誘發心臟病和癌症等。溫馨提醒：發票別長時間攥在手裡，手上有傷口的，更要慎重！

對發票中雙酚A的擔憂可能源自2010年7月美國環保組織「環境工作組」在其官網上發佈的一個報告[1]。他們的工作人員從美國七個州以及首府華盛頓的速食店、食品商店、加油站及郵局收集了36個收銀機列印出的發票，然後委託實驗室進行檢測，發現其中40%都含有高劑量的雙酚A。與此同時，期刊《綠色化學快報與評論》也報告了從波士頓郊區收集的十個空白發票紙中，有八個檢出了雙酚A。[2]

雙酚A怎麼會存在於這些電子發票中呢？這得從發票所用的紙說起。

## 發票用的什麼紙？

紙本電子發票常採用的紙叫作「感熱紙」，這種紙的應用很廣泛，除了發票之外，也用於傳真紙、信用卡簽單、ATM機的明細表、台鐵車票以及彩券等。

感熱紙就是在原紙基礎上塗布一個熱敏層，熱敏層包括三種成分：無色的熱敏染料、弱酸性顯影劑、填料（一般為長鏈脂肪族化合物，熔點45~65℃）。雙酚A是作為顯影劑出現在其中的，和染料一起分散在填料中。在列印的時候，印表機的觸針加熱將填料融化，使得染料和顯影劑接觸，在顯影劑的作用下，染料發生化學變化，從無色變為黑色或其他顏色，在紙上就顯示出了需要的資訊。

## 雙酚A的健康風險尚未確定

雙酚A的毒性已成為近年來的研究熱點，尤其是其雌激素活性備受人們的關注。

早期的研究以動物實驗為主，主要是觀察一定劑量的雙酚A對動物一些生理指標的影響，但由於這些劑量高於人體所暴露的劑量，所以不能用來評估雙酚A對人體健康的危害。後來人們發現，長期低劑量的暴露也能造成這些指標的「病理變化」，而且這個劑量與人體可能攝入雙酚A的最大量相當[3]，於是不少科學家對雙酚A的安全性提出了質疑。流行病學調查結果也表明，尿液中雙酚A含量與人體某些疾病有一定聯繫[4]，這更加劇了人們對雙酚A安全性的擔憂。

基於低劑量雙酚A可能對人體健康產生不良影響（特別是生殖系統、神經系統及行為發育），尤其是考慮到嬰幼兒相對於成人暴露水準較高的情況，2010年11月世界衛生組織和聯合國糧農組織（FAO）聯合在渥太華召開了專家會議來評估雙酚A的安全性[5]。會議對各個方面的研究進行了綜合評價，認為根據目前已知的雙酚A資料，暫時未能以低劑量雙酚A的動物研究結果及流行病學調查結果，來確切評估其對人類健康的風險。也就是說，雙酚A對人體健康是否有害，以及危害程度到底有多大，尚不能確定。

從這個角度來說，在發票收據中檢出雙酚A的意義並不在於雙酚A的毒性，而在於它使人們意識到一種新的接觸雙酚A的途徑——之前人們一直認為日常生活中只有通過食品包裝材料（塑膠奶瓶、奶粉罐的襯裡等）才會接觸到雙酚A，而現在發現，人體對雙酚A的暴露量可能比預想的要大。

## 新的擔憂：接觸雙酚A的新途徑

更讓人擔憂的是，發票中雙酚A的存在形式與食品包裝材料不同，後者是被鎖在高分子聚合物中的，以奶瓶為例，若不接觸高溫，不會輕易游離出來；而在發票中，雙酚A本身就是以游離的形式存在，於是當我們接觸發票的時候，其中的雙酚A會沾到皮膚，再透過皮膚進入人體。

有研究發現[6]，在手乾燥的情況下握住含雙酚A的收據（已測得發票中雙酚A含量為8~17克/公斤）五秒後，約有1微克的雙酚A轉移到食指和中指上，而如果手濕或者特別油的話，這個量可達10微克。

法國科學家丹尼爾・左克（Daniel Zalko）等[7]，用豬耳朵皮膚（實驗室短期培養）及人皮膚（用於移植的小塊皮膚）來研究雙酚A的透皮吸收率，結果發現65%的雙酚A透過了豬耳朵皮膚，46%的雙酚A透過了人皮膚。

而哈佛大學環境衛生系的布朗（J. M. Braun）等人在檢測了389名孕婦尿液中的雙酚A含量後發現，超市的收銀員可能因為比一般人更多地接觸發票，尿液中雙酚A平均濃度最高，為2.8微克/克，而教師和工廠工人尿液中雙酚A平均含量分別為1.8微克/克和1.2微克/克[8]。作者在討論中謹慎地表示，由於所采的孕婦樣本中只有17名是收銀員，這個結果需要謹慎解讀，但他們還是建議收銀員在工作時採取保護措施（如戴上手套）。

## 該如何處理電子發票？

雖然權威部門對低劑量雙酚A的毒性尚未得出確切的結論，不過採取謹慎的態度，在日常生活中儘量減少對雙酚A的接觸是有意義的。在台灣，財政部已要求所有參與實體消費通路試辦商採用不含雙酚A紙質，所以對於紙本電子發票，民眾可以安心使用。作為個人，通過養成一些良好的生活習慣，也可以幫助我們減少接觸到雙酚A[1]：

1. 不要讓嬰兒或兒童觸摸這類感熱紙；

2. 如果可以選擇無實體電子發票，就別使用紙質發票了；

3. 需要保留收據的話，最好把它們單獨放在一個信封裡；

4. 接觸過感熱紙再接觸食物的話，一定要徹底洗手（即便沒有這東西，多洗手終歸沒錯）；

5. 觸摸過感熱紙之後，不要使用含酒精的洗手液洗手，酒精能促進雙酚A透過皮膚。

謠言部分證實。

雙酚A作為感熱紙的顯影劑確實是存在於生活中的，接觸後雙酚A有可能沾到手上並透過皮膚。雖然關於雙酚A的毒理學研究已有很多，但它對於人體的毒性目前還沒有權威、確切的結論。謹慎的做法是減少對它的接觸（孕婦和嬰幼兒儘量避免接觸），接觸之後要徹底洗手。

## 參|考|資|料

[1] (1, 2)EWG: A Little BPA Along with Your Change?

[2] Mendum T, et al., Concentration of bisphenol A in thermal paper. Green Chemistry Letters and Reviews. 2011.

[3] 雲無心，歐盟為何禁止雙酚A，果殼網，2011。

[4] Lang IA, Galloway TS, Scarlett A. Association of urinary bisphenol A concentration with medical disorders and laboratory abnormalities in adults. The Journal of the American Medical Association. 2008.

[5] Project to review toxicological and health aspects of Bisphenol A. 2010.

[6] Biedermann S, P Tschudin, K Grob. Transfer of bisphenol A from thermal printer paper to the skin. Analytical and Bioanalytical Chemistry. 2010.

[7] Zalko D, et al, Viable skin efficiently absorbs and metabolizes bisphenol A. Chemosphere. 2011.

[8] Braun J M, et al. Variability and Predictors of Urinary Bisphenol A Concentrations during Pregnancy. Environmental Health Perspectives. 2010.

# 一盤蚊香等於130支香煙嗎？

◎白鳥

盛夏來臨，天天被蚊子抽血的教訓真不好受，本想用蚊香祭奠一下這些小生靈，卻被告知「點一盤蚊香等於連抽130支香煙！」

滅蚊，真的會有這麼慘痛的代價嗎？拿蚊香和香煙相比的做法原本不是空穴來風。蚊香作為熱帶地區夏季重要的滅蚊手段，點燃後會產生顆粒物和氣體污染物，近些年來有不少研究是關於這類污染物對人體危害的。而同為室內空氣污染源，又都是悶燒過程，拿蚊香和香煙做比較也是這類研究常用的手段（限於某個單項污染物指標的比較）。不過說到「一盤蚊香等於130支香煙」，且問誰的毒理學水準那麼高啊，兩種混合物的毒性劑量能算到這麼精密？這個問題和把空氣污染折合成吸煙數類似，忽視了情況的複雜性，都是不夠科學和準確的。

還是先認識一下蚊香焚燒會釋放的各種物質吧。

**除蟲菊酯**：這是蚊香中真正有效的滅蚊成分，一類模擬天然除蟲菊的合成殺蟲劑，對人類毒性不高，也沒有致癌致畸效應。在各個文獻中，蚊香所能釋放的除蟲菊酯的劑量都被認為對人是安全的。不過，整個蚊香的品質中，只有不到1%是除蟲菊酯（在不同產品裡的含量會有差異），真正讓人擔心的，是那占99%多的輔料（主要是木粉和黏合劑等）的燃燒產物。

**多環芳烴**：這是一類分子中含有多個苯環的化合物，植物不完全燃燒時很容易產生，所以蚊香、香煙的悶燒過程都會有這類產物。它們中有一些具有強致癌性，有一些被懷疑有致癌性，所以是一類被嚴格控制的空氣污染物。針對這一類污染物的研究證實，1克蚊香燃燒產生的多環芳烴總量遠遠小於民用燃煤、燃柴和衛生香，但比炒菜油煙中的多環芳烴量大一個數量級。而與另一個主角香煙相比，1克蚊香和1克煙絲的產量是持平的。一盤蚊香約15克，那在這個污染指標方面可以說，一盤蚊香等於點了15支煙。

**甲醛**：這種潛伏在裝修塗料黏合劑中的常見室內空氣污染物也能在蚊香煙霧中檢測到，甲醛對人的黏膜有刺激作用，長期吸入有致癌性。有文獻顯示一盤蚊香釋放的甲醛量相當於點51支香煙。

**一氧化碳**：作為有機物不完全燃燒的產物，它可以搶佔血紅細胞中的血紅蛋白，阻止氧氣與之結合。有研究顯示，同為蚊香，無煙蚊香比有煙蚊香釋放的一氧化碳量大。

**苯系物：**主要是苯、甲苯、鄰二甲苯、對二甲苯等，這些物質也對呼吸道有刺激，有一定致癌性。燃燒蚊香後，室內空氣中苯系物的含量逼近《室內空氣品質標準》（GB/T18883-2002）的最高數值，若開窗通風或房屋面積較大就能達標，否則可能就要超標了。

**PM2.5：**蚊香燃燒釋放的大氣顆粒物主要集中在細顆粒部分，而這部分恰恰是對人體健康影響較大的成分，所以關注這個指標的文獻較多。有研究給出一盤蚊香釋放的PM2.5是一支煙的75~137倍，這個數字還要大於文章一開始提到的130支香煙。

從上面這些資料可以看出，點燃蚊香的確對室內空氣品質有很大的影響，不過簡單粗暴地將一盤蚊香與130支香煙作比較並不科學。兩個污染源釋放的污染物有差異，每種污染物的量又不同，現有的評價技術還不能根據這樣一些資料估算出蚊香和煙的折合數量。不過不可否認的是，點蚊香的確會對室內空氣造成污染。另外，現在還缺乏醫學方面對蚊香造成的室內空氣污染對健康危害的全面研究和評估。

## 蚊香？挨咬？兩難選擇

那麼，蚊香是不是應該被取締呢？先跑個題看一下另外一個故事：

農藥DDT被發明出來的時候「二戰」正酣，它的出現有效阻止了肆虐的疫情，因而在1948年，其發明人獲得了諾貝爾生理與醫學獎。隨之，DDT被大規模施用在農田、村莊、田野……用來控制各種病蟲害。

不到十年時間，就開始有人質疑飛鳥因它而死。1962年，瑞秋・卡森（Rachel Carson）出版了《寂靜的春天》，被譽為環境科學領域的開山之作，質疑以DDT為首的有機氯農藥對生態系統的威脅。隨後，人們意識到DDT在環境中很難被分解，還在生物的脂肪組織中蓄積。這種情況隨著捕食關係還會逐漸加劇，最終將囤積在鷹、豹、人類這樣一些頂級攝食者體內。1973年美國正式禁用DDT，隨後的80年代，世界各國逐漸加入禁用行列。這個曾經頭頂光環的化合物如今成了環境科學教材中的反面角色。

但故事到這並沒有結束。2006年世界衛生組織開始號召非洲國家重新啟用DDT控制瘧疾。原來自DDT被禁用後，瘧疾隨著蚊子的肆虐捲土重來，而人類新合成的殺蟲劑雖然降解速度比DDT快很多，環境影響更小，卻對瘧疾無能為力。不過世界衛生組織的這次重啟規定了嚴格的施用條件：僅限於蚊蟲高發的室內環境，嚴禁用於室外和農田，以防其再次隨著食物鏈傳遞。

和DDT類似，簡單的禁止使用和超量使用蚊香都有可能影響生活品質。北方的夏天，開著空調，屋裡可能只有一兩隻蚊子騷擾，或打死，或忍耐，都不是太痛苦的抉擇。但潮濕悶熱水質不佳的環境下，蚊蟲可能大量繁殖，傳播疾病，如果能合理、適量地使用滅蚊措施，帶來的收益將會大於風險。從這個方面來說，將蚊香和香煙做比較也是不合適的，香煙那可是百害而無一利。

是不是要繼續使用蚊香，最好根據實際情況來判斷。現在除了蚊香，還有蚊帳、驅蚊水、電滅蚊片等防蚊的手段可供選擇（滅蚊攻略詳見果殼網：「如何和蚊子完美地死磕到底？」）。

而如果使用蚊香的話，也有幾個減少污染的小撇步推薦給大家：

**1. 點蚊香時注意通風**：這樣有利污染物散去，當然，蚊子也會這麼希望的。

**2. 選用無煙蚊香**：除了一氧化碳，總體上無煙蚊香的污染物要明顯少於有煙蚊香。

**3. 減少使用量**：鑒於蚊香的滅蚊能力比較強，可以根據情況適當地減少蚊香的用量，不要取出一整盤就一次全點完。

**4. 選擇污染小的產品**：不同品牌的差異還是比較大的，有一項調查發現，中國產的蚊香釋放的污染物總體上要小於馬來西亞等國的產品。

謠言粉碎。

蚊香和香煙不具可比性。

## 參｜考｜資｜料


[1] Liu Weili, et al. Mosquito coil emissions and health implications. Environ Health Perspect. 2003.

[2] 方圓等，盤式蚊香對室內空氣品質的影響，建築熱能通風空調，2006。

[3] 劉曉途等，蚊香和佛香燃燒過程中苯系物的排放研究，中國環境科學，2011。

[4] 周紅倉等，蚊香燃燒產物中多環芳烴的分佈規律及相關性研究，環境科學學報，2010。

[5] 陳華鋒等，蚊香煙氣氣溶膠單粒子的粒徑和質譜測量，環境科學與技術，2007。

# 汽車空調能散發出致癌的苯嗎？

◎小耿 整理

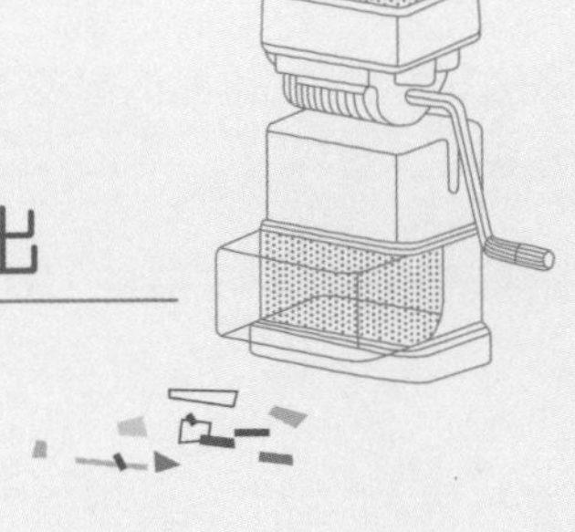

Q

進入車內不要馬上打開空調，先打開車窗通風幾分鐘再開空調。因為根據研究，汽車的儀表盤、皮椅、空氣濾清器會釋放苯（聞一聞車裡高溫下的塑膠味吧），這是一種致癌毒素。暴露其中會導致白血病，大大增加患癌的風險。除了致癌之外，苯還會侵蝕我們的骨骼，造成貧血和降低白細胞數量，長期也可能導致流產。苯的可接受水準為每平方英尺（注：原文如此）50毫克。停在室內、窗戶緊閉的車輛可產生400~800毫克的苯。

停在戶外大太陽下、溫度超過60℉（15.6℃），苯就上升至2,000~4,000毫克，超出允許量的40倍！車內的人將不可避免地吸入過量的毒素。在進入車內之前，建議先打開門窗讓空氣對流。苯是會影響腎臟和肝臟的毒素，而且很難從身體中排出。

這條流言本身就被誤讀得很厲害。許多讀者看完這則流言後的印象是：它警告司機不要使用汽車空調，因為空調系統本身就會散發出苯。實際上，文章想表達的是：不要一上車就立刻開空調，而應該先搖下車窗、讓積累的「苯氣味」（按流言的說法是由儀表盤、內飾等元件散發的）從車中散出去，然後再關上車窗打開空調。

另外，我們知道，討論氣體中化學物質的含量，應描述為每單位「體積」中的品質，而非每單位「面積」中的品質。流言稱苯的可接受水準為「每平方英尺」50毫克，顯然是不對的。美國癌症研究協會的網站在評論這條流言時說，「雖然這只是個小的單位問題，但它也反映出此流言創作者可能對於基本科學概念所知非常有限。」

拋開這兩個技術細節不談，剩下的內容裡又有多少是事實呢？

## 苯確實是一種致癌物質

美國癌症研究協會指出，有證據表明苯與白血病風險增高有關聯[1]：

「相當多的人類研究證據表明，苯與癌症之間存在關聯。最初有報導稱，對於暴露在高濃度苯環境下的工人（化工、制鞋、煉油等行業），白血病，尤其是急性髓細胞白血病的風險有所增加。近期更多的研究則針對暴露在相對較低濃度下的工人。」

動物研究也取得了相符的結果。有充分的動物實驗證據證明瞭苯的致癌性。一些重要的動物實驗結果支持早先的發現：吸入和攝入的苯可導致人類白血病風險增加。綜述此類研究的詳情，苯與癌症的關聯性得到肯定。

## 苯的可接受水準

美國管理部門並未設立過所謂「苯的可接受水準」。美國國家職業安全衛生研究所對工作場所的苯含量有兩個限制值：短期（15分鐘內）為每立方公尺3.2毫克，長期平均為每立方公尺0.32毫克。而流言中說的「每平方英尺50毫克」可換算為每立方公尺1765.7毫克，比短期暴露的限制值還大了數百倍！

只能理解為流言創作者弄錯了單位或犯了別的數學錯誤。「每平方英尺50毫克」這個數值毫無意義。

雖然NIOSH提供的兩個苯含量限制值是針對一些行業的工人的，但我們也可以作為參考，衡量汽車內部空氣的苯含量水準。

## 汽車中真能產生達到潛在致癌級別的苯嗎？

這一點並沒有科學證據。2001年韓國的一項研究調查了城市中車輛通勤時間較長的人群（包括坐小轎車和坐巴士），雖然確實發現使用車輛會增加苯的暴露，但他們的發現與上述流言中的描述有明顯的區別[2]：

1. 乘坐車輛增加了多種有害物質的暴露機會，苯是其中之一。但導致這一情況的首要因素是車輛使用的油料，而非儀表盤等車內組件。

2. 舊車中苯的含量要高於新車。這說明儀表盤、皮革等元件散發出的「新車味」並非影響車內苯含量的首要因素。

3. 在冬天，苯暴露濃度顯著升高。這說明汽車空調的使用並非苯暴露的主要因素。

此外，這項韓國研究也沒有發現通勤導致的苯暴露和癌症之間有什麼聯繫。2007年德國有一項關於「停泊車輛內部空氣的毒性」的研究[3]。研究人員設置了相同品牌的一輛新車和一輛使用三年的舊車，置於高瓦數燈光之下，使溫度上升到150℉（65.6℃），收集了車內氣體。之後他們將來自人類和倉鼠的實驗室培養細胞暴露在這些氣體的提取物中。這是毒性測試的正常手段。

研究表明，來自新車的氣體並沒有表現出毒性，只是引起了一些微小的免疫反應，理論上這些反應在一些人體內可能導致過敏。舊車則無此現象。結論稱：「停泊車輛的內部空氣沒有發現明顯的健康危害」。他們還發現，新車內的揮發性有機物總量為每立方公尺10.9毫克，其主要成分並不包括苯。而流言卻宣稱：太陽下車輛內的苯含量可達每平方英尺2,000毫克~4,000毫克，合每立方公尺70.6克~141.3克。這個數量的苯收集起來，體積幾乎有一兩瓶花露水之多！顯然是荒謬的。

即使我們假定流言創作者弄錯了單位，「幫他」把上述數值中的「克」改為「毫克」，仍然不合理。如此修改後，流言所稱的苯這種物質的含量，仍比上面研究實測的所有揮發性有機物總量還要大十倍左右。何況苯甚至還不在研究檢測出的40多種有機物之中。

美國癌症研究協會還調查了德國、韓國和美國的其他幾項研究，最後總結道：「我們在已發表的研究中，沒有發現能確證流言中這一觀點的證據。在一部分針對行駛車輛的研究中，苯暴露水準超過了工作場所慢性苯暴露推薦水準，但這些程度的苯在保養適當的車輛中不太可能出現。」

## 如何避免和降低苯危害？

儘管無科學證據支持車內空氣的苯含量足以導致癌症，但日常生活中還有其他途經可能會接觸到苯。美國癌症研究協會建議：

如果你擔心車內的苯污染，大可定期開窗通風，或將空調設置為循環狀態，使車內外空氣流通。以下一些方法也可以降低日常接觸苯的量：

遠離香煙。如果你是吸煙者，請戒煙。吸煙是苯暴露的主要來源。如果你的工作環境中含有苯，可與雇主商量改變工作流程（例如採用其他溶劑替代苯，或確保將苯適當地保存在封閉條件下），或使用個人保護裝備。如需要，勞動部職業安全衛生署可提供資訊諮詢或前往進行檢查。

減少接觸汽油。加油時小心操作，或選擇有油氣回收系統的加油站。汽油含苯，應避免皮膚接觸。

最後，當遇到一些溶劑、油漆、顏料等化學物質時，借助常識判斷其是否可能含苯。減少和避免與這些物質共處，特別是在不通風的場所。

流言中有一個觀點是可取的：在熱天，當你回到門窗關閉的車輛中時，應該先打開車窗一會兒再開空調。但原因和苯無關，而是因為停在太陽下、門窗緊閉的車輛會產生一種溫室效應，使得車內溫度比車外高出很多。開一會兒車窗可以通過氣體交換來加快溫度下降，這比單靠空調降溫要有效。

謠言粉碎。

這則「汽車空調散發出致癌的苯」的流言，包含諸多概念與觀點的謬誤。事實上，雖有研究發現使用車輛會略增加苯的接觸，但並未發現這一接觸標準會導致癌症風險升高。包括吸煙在內的其他途徑才是生活中苯暴露的主要來源，而且也有很多應對的方法，可避免和降低苯的危害。

## 參|考|資|料

[1] American Cancer Society: Benzene.

[2] Jin-Woo Lee, Wan-Kuen Jo. Actual commuter exposure to methyl-tertiary butyl ether, benzene and toluene while traveling in Korean urban areas. Science of The Total Environment. 2002.

[3] Jeroen T M, Buters, et al. Toxicity of Parked Motor Vehicle Indoor Air. Environ. Sci. Technol. 2007.

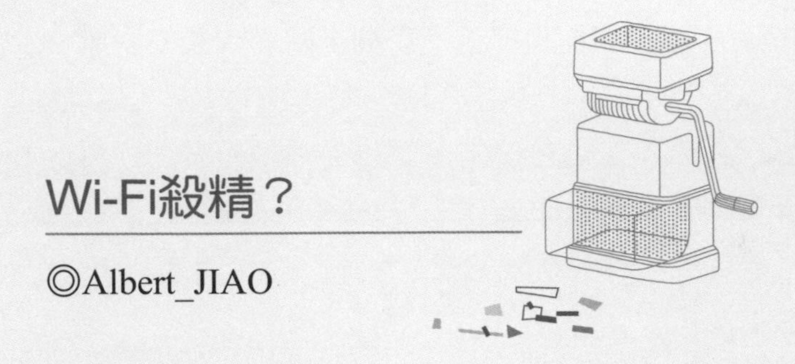

# Wi-Fi殺精？

◎Albert_JIAO

Wi-Fi殺精於無形，精子DNA受損嚴重。

提起輻射和輻射安全，首先要區分是哪一種輻射。核輻射、紫外線輻射、手機輻射、高壓線輻射都有所不同，對健康的影響差別也很大。

## 整體認識：微弱的射頻信號不會對人體健康產生影響

具體來看這則流言，首先，Wi-Fi（無線上網）使用的電磁波波段一般是2.4~5吉赫，和手機使用的射頻電磁波波段比較接近（比手機使用的頻率稍微高一些），屬於非電離性輻射，主要是其對人體組織的加熱作用可能會影響健康，需要比較大的強度才會造成傷害。

在過去的幾十年，研究人員對這一波段的電磁輻射與某些疾病發病率之間的關係進行過很多研究，其中也不乏認為會產生影響的結果，但這些研究大都只是猜想或者得出很微弱的聯繫，沒有得到廣泛認可，也沒有上升到令人擔憂的程度。比如流言所涉及的《阿根廷研究稱筆記本Wi-Fi會降低男性精子活力》[1]，追蹤其原始論文，科研人員認為可能存在熱效應以外的其他效應降低了男性精子活力[2]，但這項實驗中只不過將體外的精液連續接受輻射四個小時，與讓體內精子接受Wi-Fi輻射的實際境況有所不同；實驗中精子移動率下降，DNA片段化增多的那部分精子是否會對整個精子群體有明顯影響也有待確定；此外實驗樣本只有二十幾個，重複實驗並未進行；對照組的設置還存在不合理的地方。因此，簡單推論到筆記本Wi-Fi會降低男性精子活力還為時過早，需要更多的研究驗證。科學界對於日常生活中這一類輻射的基本看法仍然是：「目前沒有可信的證據可以證明微弱的射頻信號會對人體健康產生影響」。

其次，要說明的是，無線上網的輻射大小主要取決於信號的功率，與無線路由器的頻寬沒有必然聯繫。頻寬相當於你在同樣時間內表達的信息量大小，功率相當於你說話時的聲音大小。通信的頻寬取決於很多因素，頻寬大不意味著輻射一定大，比如第一代手機大哥大的輻射比現在的手機大很多，可是它的頻寬卻很小，只能傳輸聲音信號，連簡訊功能都沒有。最新的手機可以傳輸各種多媒體資訊，產生的輻射反而在減小。

## 實際測量：遠小於安全上限

如今城市中無線上網服務的覆蓋率越來越高，到處都可以見到Wi-Fi接入點，那麼這些無線網路接入點產生的輻射到底有多大呢？

2007年香港電訊管理局曾經測量了市內餐廳、便利店、圖書館、住宅、辦公室等各類地點62個Wi-Fi無線路由器周圍的輻射強度[3]，發現測量值只有國際非電離性輻射委員會的安全上限的0.03~0.3%，而且這些輻射值都是在很靠近無線路由器的位置測量的，大多數情況下從路由器接收到的輻射還會比這些值低很多。因為香港人口稠密，面積狹小，無線上網又很普及，Wi-Fi網站很密集，相較其他城市而言，輻射情況算是很高的了。加上不同城市使用的無線上網設備也基本沒什麼差異，所以這個測量結果還是具有普遍性的。英國健康保護局曾估計，即使一個離身體有一段距離的無線路由器常年開著，它一年所產生的輻射量大概也只相當於打幾十分鐘手機的輻射量[4]。

當然以上只是考慮無線路由器一端的輻射，如果你經常使用無線上網，還要考慮一下筆記型電腦一端的輻射。無線路由器天線直挺挺地立在外面，非常顯眼，難免讓有輻射恐懼症的「MM」看後浮想聯翩，心生疑雲。但事實上，對於Wi-Fi使用者來說，無線上網輻射的主要來源並不是那些外表看起來「很專業很輻射」的路由器，而是上網時自己手上的筆記型電腦。因為這時候使用者的筆記型電腦裡的天線和路由器上的天線之間互相接收和發送資訊，筆記型電腦裡面的天線發出的輻射並不比路由器的輻射小多少，而電磁波輻射的功率大小是和距離的二次方成反比的，一般情況下無線路由器可能在幾米之外，而筆記型電腦就在眼前，不過幾十公分，這樣一來，真正的輻射源往往是自己的筆記型電腦。

那麼筆記型電腦的無線上網功能和手機的輻射大小相比較又如何呢？根據英國健康保護局的研究[5]，筆記型電腦無線上網的輻射吸收比率SAR值*只有使用手機接聽電話時的1%，其中的主要原因還是上面提到的距離遠近。因為手機可以緊貼著大腦，而筆記型電腦離身體還有一段距離。不過，我們無線上網時一次就要使用幾個小時，手機通話一次幾分鐘，考慮時間長短，筆記型電腦無線上網的輻射量與手機輻射量應該大概在一個數量級上。

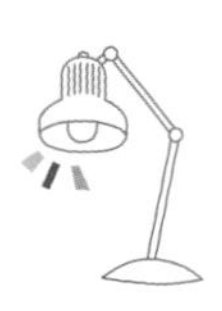

*　輻射吸收比率SAR值：人體組織單位時間內吸收的電磁輻射量。

無論筆記型電腦還是手機，它們的輻射值通常都在毫瓦每平方公尺這個水準上，遠低於國際非電離性輻射委員會制定的安全上限——10瓦每平方公尺（這個上限值只是一個以防萬一的安全限制，並不是說超過這個值，就會生病，只是會有輕微的健康風險）。

諡言粉碎。
和手機輻射一樣，無線上網的路由器和筆記型電腦一端產生的輻射都在安全範圍以內，不必驚慌。

## 參 | 考 | 資 | 料


[1] 阿根廷研究稱筆記本Wi-Fi會降低男性精子活力。

[2] Conrado Avendaño, Ariela Mata, et al. Use of laptop computers connected to internet through Wi-Fi decreases human sperm motility and increases sperm DNA fragmentation Conrado Avenda? Fertility and Sterility online. 2011.

[3] Radiofrequency Radiation Measurements Public Wi-Fi Installations in Hong Kong，Office of the Telecommunications Authority. 2007.

[4] BBC. Wi-Fi health fears are "unproven".

[5] Wi-Fi the HPA research project: Exposure to electromagnetic fields from wireless computer networks (Wi-Fi) - report on results. 2011.

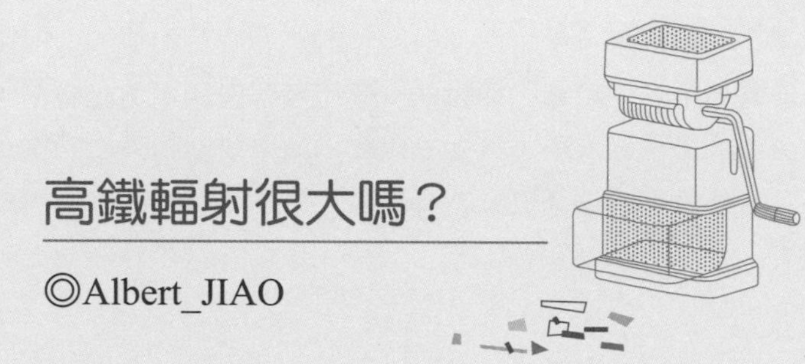

# 高鐵輻射很大嗎？

◎Albert_JIAO

婦女應儘量不要坐高鐵，因為高鐵輻射嚴重，否則會增加不孕症、流產風險。高鐵為了讓乘客使用手機能暢通無阻，每節車廂設有小型基地台，所以電磁波很強，特別是靠窗位置遠比靠走道的電磁波來得強！有人在高鐵上實測了電磁輻射的變化，很明顯，在加速的時候特別是維持在高速運行的階段，電磁輻射很大，甚至有的時候還要超過微波爐的電磁輻射。

其實不只是高鐵，電力機車、電傳動內燃機車、捷運、有軌電車以及其他很多使用電力驅動的交通工具都會產生電磁輻射。列車車廂內的電磁輻射，不僅和列車使用的電氣特性有關，還與車輛類型、測量點在車廂內的位置和高度、列車行駛狀態等複雜的因素有關。下文討論中，我們將重點關注高鐵列車乘客車廂中的電磁輻射。

## 高鐵輻射有多大？

高鐵是高速鐵路的簡稱。台灣高速鐵路上運行的列車，使用的電力皆來自台灣電力公司161,000V、60Hz交流電。相應地，高鐵的高壓電力設備就會輻射出這個頻率段的電場和磁場。

### 1. 電磁場輻射限值

根據ICNIRP的安全標準[1]（ICNIRP是國際非電離輻射防護委員會。這是一個非政府的獨立組織，由多個領域的專家組成。這個組織根據最新科研進展，評估各種非電離輻射對人體健康的潛在危害。ICNIRP提出的輻射安全標準已經被幾十個國家和國際組織採納。經濟部能源局的相關標準也參考了ICNIRP的標準 [2]），高鐵產生的60Hz左右的「極低頻電磁輻射」，電場輻射的安全標準為6kV/m（kV/m即千伏特/公尺，電場強度的單位）以下，磁場輻射為83.3 μT（μT即微特斯拉，磁感應強度的單位）以下。這一安全標準是根據國際上相關醫學研究制定出的，目前還沒有足夠的科學證據表明這一標準需要調整。

### 2. 國內外高鐵列車磁場輻射實測

高鐵上運行的列車有不同的類型。一種是動力集中式，這種列車主要的電氣設備和牽引電機集中在列車一端或兩端的機車上，與乘客車廂是分離的。另一種是動力分散式，動力系統分佈在多個車廂，因此乘客暴露的電磁場主要來源於列車的供電系統。英國1998年一項研究表明[3]：動力集中式列車的電磁輻射集中在機械間、司機室附近；乘客車廂的磁場輻射值一般在30μT以下，在乘客坐著的高度，典型的輻射值小於5μT。動力分散式列車，特別是早期型號，在車廂地板高度上的電抗器附近可以測到比較大的磁場輻射；但乘客全身受到的輻射量仍然在安全範圍內。

網路上曾經流傳過一段視頻，視頻中有人用儀器在列車的車窗附近測量了磁場輻射值，測到的值大約是10μT左右。遺憾的是視頻只測量了車窗附近的磁場輻射，也沒有說明是在什麼類型的高鐵列車上進行的。而且該視頻並非源自正規的媒體報導，僅可作為參考。但僅從該視頻中來看，這個實測的磁場強度值是在ICNIRP規定的限值（100μT）以內的。

### 3. 中國動車組電場輻射實測

一篇2012年的論文測量了動車中的電場輻射，發現對於和諧號CRH2A和CRH5A型動車組，在一等車廂、二等車廂、車廂連接處、駕駛室等位置，電場輻射值分佈在0.011~0.021kV/m的範圍內。這個值也在ICNIRP規定的限值（5kV/m）以內。[4]

### 4. 其他頻段輻射

除上述50Hz工頻輻射之外，高鐵也會產生其他頻段的輻射。

其產生原因很多，比如因為受集電弓和接觸網接觸不良而產生的輻射，以及電流在變壓、變頻等過程中相關元件產生的輻射等。這類輻射的頻率範圍較廣，從幾十赫茲到2GHz都有分佈。對於這類輻射有相應的研究，也有國家標準對其測量方法和資料處理方法進行的規定。[5]

中國2010年有篇論文對動車組列車車廂內的這類輻射進行了實測和分析，論文重點關注了30~200MHz頻段的輻射[6]。經實測，這個頻段的輻射在車廂內電場強度只有50dBμV/m左右，不到1mV/m（毫伏特每米）。而ICNIRP給這個頻率波段的電場輻射制定的安全標準是28V/m [1]，中國國家環保總局制定的電磁輻射防護標準則未指定限制，而是給出參考值為12V/m [7]。無論是按哪一個值來看，上述研究中的測量值與安全標準相比還有較大距離。對這類輻射一般只考慮對電子設備的幹擾，對人體的影響可忽略不計。

## 高鐵輻射與微波爐輻射

流言中說「高鐵電磁輻射超過微波爐的電磁輻射」，這個說法很容易引起誤解。首先，這裡與高鐵的電磁輻射進行比較的顯然不是指微波爐內部產生的、用來加熱食物的微波輻射。這二者頻率不同，無法直接比較。更何況微波爐的微波輻射被金屬爐身限制在其內部，並不會對外面的生物產生危害。如果要比，就應該與微波爐（以及其他家用電器）向外散發的低頻輻射進行比較。以下是家中一些電器在30cm距離上磁場輻射值的大小[8]，可作為參考：

| 吹風機 | 0.01~7μT |
|---|---|
| 吸塵器 | 2~20μT |
| 日光燈 | 0.5~2μT |
| 微波爐 | 4~8μT |
| 收音機 | 1μT |
| 電爐 | 0.15~0.5μT |
| 洗衣機 | 0.15~3μT |
| 電熨斗 | 0.12~0.3μT |
| 洗碗機 | 0.6~3μT |
| 電腦 | 小於0.01μT |
| 冰箱 | 0.01~0.25μT |
| 電視 | 0.04~2μT |

前面說過，有研究測出車廂內的磁場輻射值在30μT以下，典型為5μT。可見高鐵車廂的輻射相比於部分常見家用電器的輻射還是要高一些，但也僅僅是略高，且都在安全範圍（100μT）內。還要考慮到我們在火車上的時間一般只有幾個小時，因此不必過於擔心。

## 高鐵的輻射讓高鐵女性工作人員不孕？

上面談了高鐵輻射對一般人群的影響。那麼，對於長期在高鐵上工作的工作人員們，高鐵輻射會讓她們「不孕」或「流產」嗎？

首先來看動物實驗。根據世界衛生組織的報告[9]，科學家以往做過很多關於極低頻電磁輻射對生物生殖系統影響的研究，比如在實驗室裡把懷孕的小白鼠連續幾十天放到不同強度的極低頻電磁輻射之下，觀察小白鼠有沒有出現流產、不孕、胎兒畸形一類的現象。大部分結果都發現，不僅在高鐵車廂的輻射強度級別下（幾μT到幾十μT），就算是一些實驗中輻射強度達到數千數萬μT，是高鐵輻射的很多倍，小白鼠也可以健康地生出小小白鼠，沒有發現極低頻電磁輻射可以導致生物不孕或者流產的「罪證」。

除了在小白鼠身上做實驗以外，研究人員也調查過日常生活中接受不同電磁輻射人群的懷孕和流產率是否有明顯的不同，包括不同職業、不同生活習慣（像平時是不是經常使用可以產生極低頻電磁輻射的電熱毯）的人群[9]。研究結果不一，其中大多數研究沒有發現接受電磁輻射相對較多的女性不孕和流產的比例明顯增高；最嚴重的也只是「風險相比於普通人稍高一些」，比如有研究認為在24小時全天候接受最大為3.51μT極低頻電磁輻射的情況下，女性早產風險值是正常情況的兩倍[10]。不過此類調查也存在一些缺陷，比如有研究發現在電氣設備附近工作的女性流產率稍高，但是無法排除到底是因為輻射，還是因為工作勞累或雜訊等其他原因。綜合這些研究結果來看，「婦女應避免搭乘高鐵，否則會增加不孕症、流產風險」的恐怖情況純屬危言聳聽，是不會出現的。

謠言粉碎。

高鐵作為電力驅動的交通工具的確會產生輻射，但是車廂中的輻射值僅僅是相比於家中的那些家用電器大一些而已，歐盟的輻射安全標準是每公尺5伏特以下，台灣高鐵車廂採用強化玻璃，在玻璃裡加了35%的碳化鋼和5%的氧化鉛，對輻射都有屏障作用，行進中的高鐵輻射強度約為每公尺0.013伏特，遠低於歐盟標準，目前沒有證據證明對人體健康構成威脅。高鐵和其他電器產生的極低頻電磁輻射與女性的不孕率和流產率之間的關聯在研究中也並沒有被明確證實。

## 參|考|資|料

[1] (1, 2) International Commission on Non-Ionizing Radiation Protection. Guides For Limiting Exposure To Time-Varying Electric, Magnetic, And Electromagnetic Fields. Health Physics. 1998.

[2] HJ/T 24-1998 500kV超高壓送變電工程電磁輻射環境影響評價技術規範。

[3] Chadwick P, Lowes F. Magnetic fields on British trains. National Radiological Protection Board, Chilton, Didcot, Oxon, U. K.

[4] 翟壹彪、霍偉、劉巧英、陳寶山、張金龍、石磊，動車車廂工頻電場強度的分佈特徵，環境與健康雜誌，2012。

[5] GB/T 15708-1995交流電氣化鐵道電力機車運行產生的無線電輻射干擾的測量方法。

[6] 張強，電力機車弓網離線雜訊輻射場強車廂內外轉換關係的研究，北京交通大學碩士學位論文。

[7] GB 8702-1988電磁輻射防護規定。

[8] WHO. What are electromagnctic fields?

[9] (1, 2)世界衛生組織，極低頻電磁輻射的環境健康標準論著。

[10] Lee GM, Neutra RR, Hristova L, Yost M, Hiatt RA. A Nested Case-Control Study of Residential and Personal Magnetic Field Measures and Miscarriages. Epidemiology. 2002.

# 影印機是胎兒「殺手」嗎？

◎政委祖爾阿巴

## Q

影印機在工作中釋放臭氧和射線，它不僅影響胎兒生長發育，對長期在影印機旁工作的人員都有一定的影響；所以公司最好設有專用影印機室，複印過程中保持良好的通風，或將影印機放在通風良好的走道。孕婦最好不要接觸影印機，沒辦法避免時，必須穿防輻射孕婦衫。

自影印機廣泛應用以來，人們對影印機產生的健康危害的研究就沒有停止過。

作為一種電器，影印機自然也會發出電磁輻射。但世界衛生組織的觀點很明確，「日常生活中的電磁輻射對人體不構成危害」，使用影印機更算不上什麼反常行為。目前沒有證據表明，日常非電離輻射會導致孕婦流產率、胎兒畸形率的提高，也不會導致新生兒出生體重過低。

現在大範圍使用的影印機技術是由施樂在1960年代開發的，其後逐漸推廣到全世界。其工作原理大致如下：往一個光電導材料做成的影印機硒鼓上通高壓電讓它帶上電荷，然後用光照射需要複印的材料，白紙會把光線反射到影印機硒鼓的相應部分，讓它導電失去電荷，有影像的部分不反光，相應部分繼續帶電荷。再用帶有與影印機硒鼓相異電荷的墨粉撒到影印機硒鼓上，異性相吸，字就顯示出來了，最後只要把墨粉轉印到紙張上，用高溫熔化墨粉固定影像，再把影印機硒鼓清理乾淨，一個工作週期就完成了。

在這過程中，通高壓電會讓空氣起反應生成臭氧；而高溫印製的過程會讓墨粉中的各種有機化合物揮發出來，稱為「可揮發有機化合物」（Volatile Organic Compounds，VOC）；整個顯影和列印的過程還可能釋放各種微小的粉塵。

影印機釋放的臭氧、可揮發有機化合物和各種粉塵究竟有沒有能力製造足夠的污染去傷害胎兒呢？下面就一一說明。

## 臭烘烘的正價氧

在對影印機的憂慮中，最常見的憂慮可能就是對它排放臭氧的擔憂。這個我們耳熟能詳的東西待在離大地老遠的臭氧層裡，是抵擋紫外線的保護傘；分佈在我們周圍的時候，就是不折不扣的污染物了。它比空氣重，有奇怪的臭味，有強氧化性帶來的刺激性，能刺激眼睛、呼吸道和皮膚，在空氣中達到5ppm（百萬分之五）就可能直接威脅生命健康，長期接觸的話還可能引發肺部疾患，但它沒有生殖毒性。美國國家職業安全衛生研究所推薦的短期暴露極限濃度為0.1ppm。[1]

1991年，美國國家職業安全衛生研究所對一間教堂的影印機進行了調查，發現儘管影印機排氣口的臭氧濃度能有0.56ppm，但到了人類呼吸的高度就僅為0.01~0.05ppm，遠在推薦水準之下，也就是剛能聞出臭味來的水準，對人體構成不了實際的損害。[2]

實際上，各國都對影印機等設備的污染物排放量有嚴格規定。到了2010年，波蘭研究人員測得的辦公室臭氧資料就只有約0.0061~0.0175ppm，這回連聞都聞不出來了。[3]

## 會揮發的「灰化肥」

可揮發有機化合物（VOC）是一個大類，包括甲苯、甲醛等多種有機物（有的物質有刺激性會引起各種不適），其中不乏國際癌症研究中心（IRAC）列為致癌及可能致癌的物質，這也是人們認為影印機可能污染環境的一個重要原因。[4][5]

那麼，影印機在複印過程究竟會排放多少VOC？在1991年對教堂的影印機的調查中，VOC濃度低得儀器都探測不到。2000年，約翰霍普金斯大學公共衛生系的研究人員在三個複印中心取樣，發現影印機的確會釋放幾十種有機化合物，但它們的濃度得用ppb（十億分之一）單位來計。例如，該研究中檢測到濃度最大的VOC是甲苯，美國國家職業安全衛生研究所給出的最嚴格的甲苯暴露限值為100ppm，在污染最嚴重的那個複印中心裡測到的甲苯峰值濃度為1,132ppb，也就是說那裡情況最糟糕的時候也只是暴露限值的1%，尚在安全範圍。[6]

## 輕飄飄的顆粒物

除了臭氧及可揮發有機化合物，影印機運行的時候還會排出一定量的粉塵，顆粒直徑大的會沉降，小的那些卻會懸浮在空氣中成為可吸入顆粒物。這些顆粒物中就有墨粉，由於含有被IRAC列為2B級致癌物的碳黑（同級的還有咖啡和韓國泡菜），也是一些人擔憂的物件。但碳黑的致突變性只在對細菌實驗中被證實，至今也沒有找到引發人類癌症的證據。[7]

不過近年來的一些研究帶來了壞消息：這些粉塵裡還可能混有直徑小於1微米的「亞微米顆粒物」。這些顆粒物小得可以穿過人的呼吸系統屏障到達肺泡，進入血管，長期暴露於高濃度之下的話，諸如哮喘、中風等肺和心血管病的發病率會大大增加。是的，它們也是這陣子全國人民都談之色變的PM2.5。[8]

比如前文研究中，兩台同品牌同型號的印表機，一台幾乎不排放亞微米顆粒物，另一台排放的濃度卻是所在環境背景濃度的十倍以上。不過該研究同時顯示，列印機工作起來的平均PM2.5排放率為0.75±0.18微克/分，單憑這麼一台機器，想要在一間通風良好的辦公室裡讓PM2.5濃度突破世界衛生組織的年平均暴露值10微克/立方米還是挺困難的。[9]

## 使用的方式很重要

作為一種工具，影印機的「安全性」不僅取決於其本身的性能，還取決於正確的使用：在影印機的安裝手冊裡，大多會提到將機器安置於通風良好的地方。如果辦公場所通風很糟，那麼就算影印機排放的污染物再少也會逐漸聚集起來的。

硒鼓與墨水匣也很關鍵，正規廠商的耗材應當是嚴格遵守法律法規進行生產的，同時這些廠商為了適應越來越嚴格的環境標準還會改進工藝，設法減少污染物排放，但灌來路不明的墨粉的小廠就不會這樣做了，用了非正規耗材的影印機未必能保證正規的排放。

良好的保養也很重要，有研究顯示，保養前影印機的臭氧排放為16~131微克/分，保養後下降到了1~4微克/分。[10]

這樣看來，流言中有關影印機使用時設專用複印室、保證通風的建議還是挺正確的。

# A

謠言粉碎。

目前為止，沒有證據顯示正常使用影印機與人體健康損害，包括生殖健康之間存在確切的因果關係。不過，研究指出影印機是室內空氣污染的潛在源頭，因此，關注辦公室影印機周圍的空氣品質，不僅對孕婦，對於普通人而言，都是謹慎、對健康負責的選擇。

## 參|考|資|料

[1] CDC. NIOSH Pocket Guide to Chemical Hazards: Ozone.

[2] CDC. NIOSH Health Hazard Evaluation (HHE) report HETA 91-158-2161.

[3] Occupational exposure to ozone in workers using photocopiers and printers. Polish Med Pr. 2010.

[4] Agents Classified by the IARC Monographs.

[5] H S Rosenkranz, E C McCoy, D R Sanders, M Butler, D K Kiriazides, R Mermelstein. Nitropyrenes: isolation, identification, and reduction of mutagenic impurities in carbon black and toners. Science. 1980.

[6] An evaluation of employee exposure to volatile organic compounds in three photocopy centers. Environ Res. 2000.

[7] Photocopiers and Laser Printers Health Hazards. Health and Safety Department, the University of Edinburgh.

[8] Particle emission characteristics of office printers. Environ Sci. Technol. 2007.

[9] WHO. Air quality guidelines for particulate matter, ozone, nitrogen dioxide and sulfur dioxide.

[10] Copying Machines and Their Harmful Emissions.

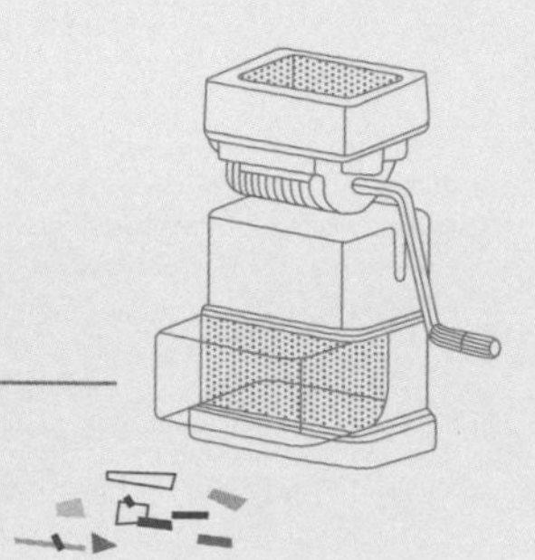

# 是否要蓋馬桶蓋？

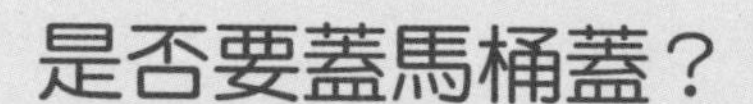

◎冷月如霜

紐約大學菲力浦·泰爾諾博士指出，如果沖水時馬桶蓋打開，馬桶內的瞬間氣旋可以將病菌或微生物帶到最高六公尺高的空中，並懸浮在空氣中長達幾小時，進而落在牆壁、牙刷、漱口杯與毛巾上。

只有5%有細菌生長，不過單個培養皿中最多長了大於100個菌落），這也與含有微生物的液滴與空氣的混合、擴散有關。

不過在這些研究中，並沒有微生物擴散到六公尺高度（作者吐槽：要找一個房高超過六公尺的衛生間也挺難的……）的記錄。至於這些微生物能在空氣中停留多久，更是沒有定論。

## 警惕，但無須恐慌

在一些極端的情況下，通過馬桶氣旋傳播的微生物可能對人體的健康造成影響。結核桿菌的脂質較多，容易在馬桶水的上層積聚。當人的胃腸道感染結核桿菌後會引起腹瀉，造成其再次傳播。不過據估計，這只占總體感染病例的5%不到[6]。

另一種可能通過馬桶氣旋傳播的微生物則家喻戶曉——SARS 病毒。一篇2003年香港淘大花園SARS爆發的報告，推測可能是最初發病的SARS病人的排泄物通過樓層裡的下水道和排氣扇迅速擴散，造成了整棟樓內SARS的爆發[7]。

不過這些或是極端情況，或是尚未證實的研究猜測，日常生活中由馬桶氣旋帶來的潛在危害可能沒有那麼大。另外，無論哪一種微生物想要致病都需要有一定的「致病劑量」。在上文提到的實驗中，研究人員都將微生物與糞便或培養液均勻混合成懸浮液再進行測試，這種情況自然有助於微生物的傳播。在實際生活中，只有腹瀉或嘔吐接近實驗中的條件。換言之，正常情況下的便溺只會更限制微生物的傳播，空氣中的濃度也會很低。不過空氣中通過氣旋懸浮起來的微生物濃度能依據種類的不同而有上百倍的差距，因此馬桶氣旋帶出的微生物是否能夠致病還有待未來進一步的研究。

最後，還有一些其他措施可以減少通過氣旋傳播的微生物。最簡單的方法莫過於在沖水時蓋上馬桶蓋了。這項簡單的方法能夠將飛濺的微生物含量減少到不蓋蓋子時的1/12 [1]。此外，定期用消毒水清洗馬桶和水箱也能夠限制馬桶內微生物的殘留。

謠言粉碎。

這則流言存在著對科學研究比較明顯的誤讀，從已有的研究結果來看，有些微生物更容易在馬桶周邊積聚。馬桶沖水時的氣旋的確能夠造成微生物的傳播。雖然這些微生物的傳播範圍、時長尚且未知，但在沖馬桶時蓋上馬桶蓋，定期用消毒水清理馬桶和水箱，確實能夠幫我們減少潛在的健康危險。

## 參|考|資|料


[1] (1, 2, 3) E.L. Best et al. Journal of Hospital Infection. 2012.

[2] D.L. Johnson et al. American Journal of Infection Control. 2012.

[3] (1, 2) Barker J, Jones M V. The potential spread of infection caused by aerosol contamination of surfaces after flushing a domestic toilet. J Appl Microbiol. 2005.

[4] Hejkal T W, Larock P A, Winchester J W. Water-to-air fractionation of bacteria. Appl Environ Microbiol. 1980.

[5] Gerba C P, Wallis C, Melnick J L. Microbiological hazards of household toilets: droplet production and the fate of residual organisms. Appl Microbiol. 1975.

[6] Sheer T A, Coyle W J. Gastrointestinal tuberculosis. Curr Gastroenterol Rep. 2003.

[7] Hong Kong Special Administrative Unit Department of Health. Outbreak of sever acute respiratory syndrome (SARS) at Amoy Gardens, Kowloon Bay, Hong Kong: main findings of the investigation. Hong Kong Special Administrative Region Department of Health. 2011.

# 住飯店會被傳染性病嗎？

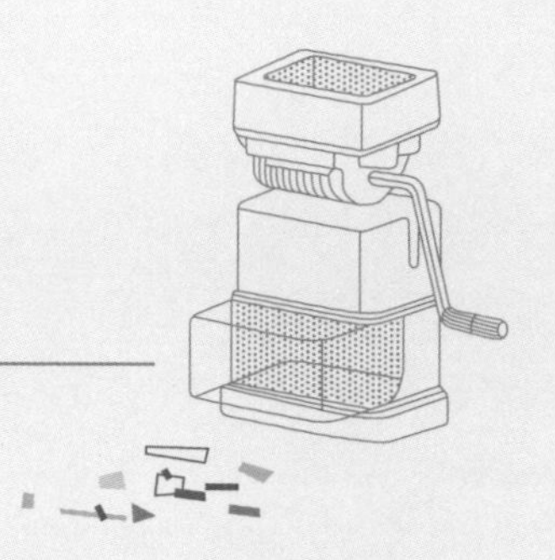

◎貓羯座

Q

飯店、旅館等地的公共衛生用品（毛巾、床單等）可能被性病患者體液污染，消毒也不能去除（另一說法：消毒不合格）。使用這些公共衛生用品，可能導致感染尖銳濕疣（俗稱菜花）等性病。

## 什麼是性傳染疾病？

性傳染疾病（Sexually Transmitted Diseases，STD）是一群藉由性接觸而感染的疾病統稱，性接觸包含男女、男男、女女的陰交、肛交、口交以及皮膚粘膜親密接觸、磨擦損傷、體液交換而傳染，STD也可能經由共用針頭、輸血、血液傳染或懷孕母親是感染者，垂直傳染給其嬰兒。

因病原的不同，有些性病可能會因間接接觸而感染，比如陰道毛滴蟲、陰虱等。這些病原對傳染環境的要求較低，同時有可能在體外環境寄生，無須進入體內也能存活，因此，有可能通過不乾淨的內衣褲、共用毛巾等造成家庭內的集體性感染。一般這些疾病的患者，都會被建議單獨清洗貼身衣物、不與家人共用毛巾。因此，感染這些性傳播疾病的人可能會污染飯店的衛浴用品，但通常來說，只要飯店進行了合格的消毒措施，下一個使用該批衛浴用品的人並不會因此被感染。

至於流言中重點提出的尖銳濕疣，其病原體人類乳突病毒（Human Papillomavirus，HPV）確實是一種頑固的病毒，它是一種最小的DNA病毒，該病毒直徑約為50~60奈米，呈無包膜的20面體對稱的核衣殼結構，表面有72個殼微粒，內含8,000個鹼基對（bp），分子量為$5\times10^6$道爾頓，其中88%是病毒蛋白。

HPV有100多種，其中約80種與人類疾病相關，有40多種寄生在生殖道上皮。高危險型的生殖器人類乳突病毒有多種，流行病學已經證明它會通過性行為傳播，但是否可以通過污染物間接傳播，尚無定論。

在臨床上，確實有在安全套覆蓋範圍外尖銳濕疣感染並發病的病例，一定程度上說明瞭人類乳突病毒的感染能力之強。不過，這樣的病例還是由於密切的性接觸造成的，即安全套覆蓋範圍以外的黏膜或皮膚之間的接觸，而接觸到的含有病毒的體液濃度高且量大。如果皮膚無破損，只是正常使用飯店毛巾或設備，則不太可能因此感染HPV，也不太可能進而患上尖銳濕疣。

愛滋病是人們擔心的另一種性傳播疾病，它的病原體HIV在體外環境，4℃時能存活四到十天，但56℃下放置十分鐘或70℃下放置四分鐘，即可完全消滅。一般飯店的消毒措施即可殺死。

## 飯店衛生用品的消毒問題

即便某些性病病原體可以在飯店公共的衛生用品上存活一段時間，但衛生合格的飯店是要對用過的衛生用品消毒的。通常消毒是指殺滅或清除傳播媒介上的病原微生物，使之達到無害化的處理。

目前由衛生監督機構對飯店、旅館等不同的住宿環境進行公共場所衛生監督量化分級評分，評分內容涵蓋衛生管理制度、建築佈局、生活飲用水、消毒洗衣情況等多個方面，還會根據評分情況，對不同衛生環境狀況的公共場所分級並頒布相關的牌照。下次入住前，不妨留意飯店的衛生監督資格審核情況。刻意逃避衛生監督機構管理的小旅館可能會存在較大風險，不在本文討論之列。

在監督中，床單、毛巾的消毒情況是單獨列出要求的，需現場採樣並送往相關技術部門檢驗。當然，嚴格來說，大腸菌群與人類乳突病毒等相似程度較小，用大腸菌群或菌落做指示有一定的缺點，但就目前情況來看，大腸桿菌因其具有指示作用且檢驗方法簡便易行，仍被認為是一個比較適宜的指示菌。大腸菌群數的多少，某種程度上也反映了消毒效果或對人體健康危害性的大小。

謠言粉碎。

對免疫力正常的人來說，常規方式使用衛生合格的飯店公共衛生用品，不太可能感染性病，包括尖銳濕疣。外宿帶私人衛生用品是良好且環保的個人習慣，但也不用擔心因使用飯店的公共衛生用品而患上性病。

## 參|考|資|料

[1] Virus disinfection mechanisms: the role of virus composition, structure, and function. Current Opinion in Virology. 2011.

[2] bioSCI. Human Papillomavirus.

[3] Richard B S Roden, Douglas R. Lowy, John T. Schiller. Papillomavirus Is Resistant to Desiccation. Concise Communications. 1997.

# 螢光材料會產生有害輻射嗎?

◎_whyCD

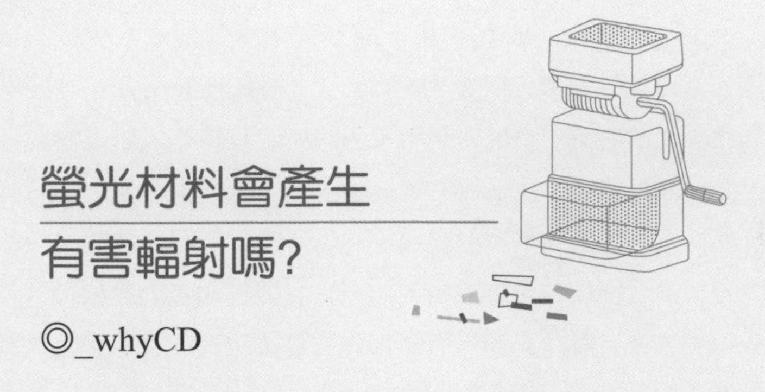

Q

要當心，演唱會的螢光棒，夜光的手錶、鑰匙扣，都會放出有害輻射。

通常意義上來說，螢光材料指的是受到電子束或特定頻率的光（射線）照射後能發出某種可見光的一類材料。比如經常在犯罪現場中看到用來檢驗血痕的魯米諾（Luminol）試劑，與血液中的鐵（一說為血紅素）發生反應後用紫外線照射即發出藍色螢光。

早在1575年，就有人在陽光下觀察到菲律賓紫檀木切片的黃色水溶液呈現極為可愛的天藍色。1852年，斯托克斯用分光計觀察奎寧和葉綠素溶液時，發現它們所發出的光的波長比入射光的波長稍長，由此判明這種現像是由於物質吸收了光能並重新發出不同波長的光線，而不是光的漫反射作用引起的，斯托克斯稱這種光為螢光。以稀土化合物作為原料的螢光材料，歷經約50年的發展後，憑藉其吸收能力強、轉換率高、物理化學性質穩定、有豐富的能級和4f電子躍遷等特性，有取代傳統螢光材料並成為主流的趨勢。

## 螢光是如何發出來的

螢光是物質從激發態失活到多重度相同的低能狀態時所釋放的輻射，最常見的是吸收紫外線後發出可見光。化合物能夠產生螢光的最基本條件是它發生多重度不變的躍遷時所吸收的能量小於斷裂最弱的化學鍵所需要的能量。其次，在化合物的結構中必須有螢光基團如「=C=O」、「-N=O」、「-N=N」、「=C=N-」、「=C=S」等。

對於具有螢光特性的分子來說，在吸收了入射光的能量後，裡面的電子就像在森林中奔跑的小白兔一樣，從基態S0跑到（實質是電子躍遷）具有相同自旋多重度的激發態S2那裡去了：S0+hvex→S2（h為普朗克常數，vex為入射光光子的頻率）。處於激發態的電子可以通過各種不同的途徑釋放其能量回到基態：比如電子可以從S2經由非常快的內轉換過程（這個過程所用時間比10~12秒還短），在不發出任何輻射的情況下躍遷至能量稍低並具有相同自旋多重度的激發態S1，然後再馬不停蹄地從S1以發光的方式釋放出能量回到基態S0：S1→S0+hvf，於是我們就看到螢光了。

對發光細胞而言，螢光是氧化反應的「產物」，因此必要條件是有氧的環境。細胞中的發光酵素及醛類發光基質在氧氣與能量物質（來自黃素單核苷酸，有別於螢火蟲）的參與下共同反應從而發出螢光，這種螢光稱為生物螢光。

## 我們生活中的那些螢光

**夜光塗料（材料）**：指的是能在黑暗中發光的一類材料，分為自發光型和蓄光型兩種。其中自發光型夜光材料的基本成分為放射性材料，不需要從外部吸收能量，可持續發光，其放射性可能對人體造成一定危害（視成分而定），故應用時受限制較大；而蓄光型夜光材料很少會使用放射性物質，主要是靠吸收外部的光能再進行緩慢釋放，而且要儲備足夠的光能才能保證持續一段時間發光，使用基本不受限制，但亮度不如自發光型材料。近年來，蓄光材料朝著無毒無放射方向發展，鋁系、鋇鍶系摻入稀土元素經高溫燒結而得的蓄光材料，其亮度是傳統材料的上百倍。

**反光材料**：這種材料廣泛應用在各種交通指示牌。最早是美籍華裔科學家董棋芳博士研發出定向玻璃微珠，而後各式反光布、反光塗料才相繼問世。其實目前的交通指示牌分為兩類：一類是完全反光材料，即依靠將入射光線反射回去達到警示目的；另一類是光致發光，不僅僅能反光，還能在受到光照時輻射出光子，比普通的反光材料看上去更醒目，比如硫系材料。這些通常情況下都不會產生對人體有害的輻射，但至於其是否具有化學毒性就得看具體成分具體分析了。

**螢光棒和螢光鑰匙扣：**節日晚會、各種演唱會上必用到的螢光棒，主要由三種物質組成：過氧化物、酯類化合物和螢光染料。把它搖幾下或者抖幾下後，過氧化物和酯類化合物發生反應，再將反應後的能量傳遞給螢光染料，最後由染料發出螢光，整個過程中都不會發出傷害人體的射線。雖然螢光棒不會放出有害射線，但是裡面的液體不可食用，也應儘量避免與皮膚接觸，特別是眼睛。所以，只要你不拿刀子剪刀去破壞、不用力扭曲螢光棒，就盡情地搖吧！

螢光鑰匙扣也是類似原理。使用時只要和使用螢光棒一樣注意不對它施暴，那麼它在你身邊只會給你帶來方便，潛在危險仍然來自於裡面化學成分的毒性而不是輻射。

再附上個關於螢光棒的小知識：螢光棒發光時間的長短與環境溫度成反比，即所處環境溫度越高，螢光棒的發光時間越短。所以當手中的螢光棒變暗時，可以將其放入冰箱或者冰櫃中，低溫環境能抑制兩種液體的化學反應，需要的時候再拿出來，這樣就能重複使用了。

**螢光增白劑：**為了讓紙張看上去很白，部分商家會添加螢光增白劑，或叫螢光漂白劑，是一種複雜的有機化合物。這種增白劑吸收紫外線後發出藍色的光，與紙張的黃色光疊加後互補形成白色，達到增白的效果，廣泛用於造紙、紡織、洗滌劑等多個領域中。這種物質不會對人產生有害輻射，但如果看書的時候肚子餓了，千萬別把紙張往嘴裡塞，避免遭受其可能的化學毒性危險。

**日光燈：**日光燈的發光原理是：日光管內充滿氬氖混合氣體及汞蒸氣，燈管電極的放電使汞發出紫外波段的光，燈管內側表面的磷質螢光漆吸收了紫外線，磷質成分的不同比例讓燈管發出不同顏色的螢光。發光過程中燈管內側表面的磷質螢光漆吸收了絕大部分的紫外線，正常情況下使用品質合格的日光燈，即使螢光漆塗層上有一些細微裂隙，也不會增加人使用日光燈的健康風險。（延伸閱讀，果殼網「輻射超標的省電燈泡還能用嗎？」）

**天然螢光：**螢火蟲在城市裡現在很難看見了，令人感歎以後又少了個泡「妹紙」的方法。螢火蟲的發光，簡單來說，是螢光素在催化下發生的一連串複雜生化反應，而反應產物之一就是它們「屁屁」上的光。人家那麼可愛的動物，自然不會對你有害，只要你不學貝爾（《荒野求生秘技》主持人）見啥吃啥。

極光也是高層大氣中的螢光現象。極光是太陽風進入地球磁場導致的光輝，大家見到極光興奮還來不及吧。

含有某些稀土元素的螢石和方解石也能發出螢光。但稀土含量極少，而且也不會天天接觸，有害的輻射微乎其微，只要你不揣在懷裡戴在手上腳上脖子上，就都沒有問題。

**錢：**最受歡迎的當然要最後出場！其實這裡要說的是印刷防偽技術——目前大部分國家的鈔票及證件等需要防偽的物品都會利用特殊的油墨在紫外線下發出螢光的特點防偽，用紫外燈照射人民幣時出現的那個數位就採用了這種技術！當然這種油墨的使用也是安全無害的，如果你還是不太相信的話，我很樂意為你保管。

A

謠言粉碎。

綜合來看，常見的螢光材料所發出的螢光都是非放射性光，對人體不會造成有害輻射。之所以有觀點認為螢光物質會傷害人體，是因為在某些夜光手錶、鑰匙扣、信號燈中加入了放射性物質，如高級手錶裡的氚氣和β燈裡面使用的氚、黃磷與硫化鋅的混合物。但值得慶倖的是，氚的β衰變只會放出高速移動的電子（即β粒子），穿透能力很弱，連薄薄的有機玻璃片都無法通過，更別說穿透人體，因此只有大量吸入時才會對人體有害。換言之，只要是正規廠家生產的合格產品，不用來做奇怪的事情，螢光材料就不會對人體產生危害。

## 參|考|資|料


[1] 李強、高鐮、嚴東生，稀土化合物納米螢光材料研究的新進展，無機材料學報，2001。

[2] 王豔忠、黃素萍，新型螢光材料的應用及其發展趨勢，化工新型材料，2000。

[3] 楊冰、李瑛等，有機螢光材料研究進展，化學研究與應用，2003。

[4] 自旋多重度(S)的定義：S=2｜s｜+1，其中小寫字母s是體系的總自旋角動量，它與體系內的自旋未被抵消的單電子數 (N) 相關，S=N/2或者S= –N/2。

[5] 螢火蟲「屁屁」發光的能量來自三磷酸腺苷ATP。

## 坐飛機時，高空輻射會致癌嗎？

◎政委祖爾阿巴

高空空氣稀薄，由此對人體的保護也直線下降，人們在高空受到的輻射，要比地面上高出100~300倍。科學家發現，一個月內兩次長途飛行，就會吸收4.5mSv（毫西弗）的輻射。相比之下，X光醫師才吸收2.5mSv。

在日常生活中隨時都會接觸到電離輻射，有的來自食物，有的來自建築材料，有的來自腳底大地裡的放射性礦物，還有來自太空的宇宙射線。作為地球人平均每年大約吸收2.4mSv的輻射。源自宇宙射線的電離輻射只占我們年平均吸收量的8%，這得歸功於地磁場把帶電粒子導向了兩極，另外稠密的大氣層也吸收了不少輻射。因此，如果飛得很高，那麼頭頂的大氣相應就變得稀薄，我們吸收到的宇宙射線自然就會變多。從這個角度來說，此條流言的邏輯倒也沒錯。

根據美國國家海洋大氣局的資料顯示，八萬英尺（2.44萬米）高空的輻射是水平面的300多倍。不過需要說明的是，首先，北緯35°零海拔處的宇宙輻射平均值為每小時0.0401uSv（uSv是mSv的千分之一），八萬英尺處的輻射為每小時11.2uSv。可以看出，雖然高空中多了300多倍，但就其絕對值來說，也是非常低的。其次，普通客機的巡航高度大致在兩萬到五萬英尺之間，這個高度的宇宙輻射也達不到300多倍的水準。

聯合國原子輻射效應科學委員會計算過一次十小時飛行受到的電離輻射量約為0.03mSv。如果要達到4.5mSv的水準，需要飛行1,500小時，按波音737每小時800公里的巡航速度計算，要繞赤道飛30圈，目前還沒有如此「長途」的單程航程。

至於X光醫師的職業暴露，按國際輻射防護委員會的資料，每年在20mSv以下都是安全的。當然，X光醫師實際的職業暴露是遠低於這個標準的。

因此，「人們在高空受到的輻射，要比地面上高出100~300倍」的說法尚可接受，但「一個月內兩次長途飛行，就會吸收4.5mSv的輻射」是完全錯誤的。另外，普通公眾的輻射暴露跟X光醫師的職業輻射暴露是沒有可比性的。

## 存在飛行輻射暴露最高限量嗎？

包括中國在內的多個國家和輻射防護機構都建議，普通公眾因商業航班而增加的輻射暴露限值為每年不超過1mSv，空乘人員每年因飛行增加的輻射限值為不超過20mSv（以上均不包括每年2.4mSv的本底輻射）。當女性空乘人員懷孕時，航空公司要按照普通公眾每年1mSv的標準為其安排飛行工作。同樣，這些機構也建議，如果是飛行特別頻繁的商務人士，應該按照職業接觸輻射的限值來計算，而不是普通公眾。而且，就算是飛行頻繁的空乘人員（約700小時/年），每年因飛行而增加的輻射暴露也只有2~5mSv。

## 飛行真的「致癌」麼？

目前，有關電離輻射與致癌風險的關係，全世界都使用了審慎的「線性無閾值模型」，也就是說電離輻射不存在安全暴露閾值，任何劑量的電離輻射都有致癌風險，且風險大小和劑量相關。高空飛行時會吸收額外的電離輻射，確實可能增加致癌風險。

但人體受到電離輻射後產生的效應很複雜，基於兩次原子彈轟炸、車諾比爆炸等核事故還有醫學放療積累的資料，現代醫學對人體遭到大劑量電離輻射後產生的危害認識比較清楚，而由於流行病學和統計學調查的局限性，對於低劑量輻射的風險還存在相當多的爭議。

具體到高空飛行上，近20年的流行病學調查研究沒有發現航空飛行與癌症發病率之間存在相關性。2000年發表在《健康物理》（有關輻射安全性的學術雜誌）的一項流行病研究指出，在高空輻射與癌症相關性的研究中，空乘人員作為受到宇宙輻射最多的群體，是非常值得研究的物件。但是，一方面空乘人員本身受到的輻射量其實也很小（每年2~5mSv），給統計帶來很大的問題，另一方面是尋找合適的對照組人群不易，因為選擇空乘這個職業的人群跟普通人群相比，可能本身就存在差異。研究人員舉例說，空姐的乳腺癌更可能與乳腺癌的危險因素之一的生育因素（未生育）相關，飛行員的黑色素瘤則歸因於他們閒暇時更樂於曬太陽從而導致過度光照，而陽光中的紫外線是黑色素瘤的一大危險因素。因此，不能簡單認為是高空輻射導致了空乘人員患上乳腺癌、黑色素瘤。

另外，來自國際輻射防護委員會的報告稱，輻射劑量低於100mSv時沒有觀察到腫瘤發病率升高的現象，而聯合國原子輻射效應科學委員會的表述是「10mSv以內沒有影響健康的直接證據，10~1000mSv沒有早期效應，劑量較高時暴露人群的特定癌症發病率上升」。因此，一次長途飛行增加的零點零幾毫西弗的輻射帶來的癌症風險非常低。

# A

謠言粉碎。

高空飛行確實會增加輻射接觸量，但增加量遠沒有流言所說的這麼大，而且帶來的癌症風險非常低。生活充滿「風險與效益」的權衡，審慎地選擇低輻射暴露的交通方式當然無可厚非，但為了航空交通的便利，增加一點宇宙輻射也沒什麼可恐慌的。

## 參|考|資|料


[1] ICRP出版物第103號。

[2] Public Health Statement: Ionzing Radiation.

[3] Agency for Toxic Substances and Disease Registry.

[4] UNSCEAR. Answers to Frequently Asked Questions (FAQs).

[5] NOAA. the Natural Radiation Hazard at Aircraft Altitudes.

[6] Boice J D Jr1, Blettner M, Auvinen A. Epidemiologic studies of pilots and aircrew. Health Phys. 2000.

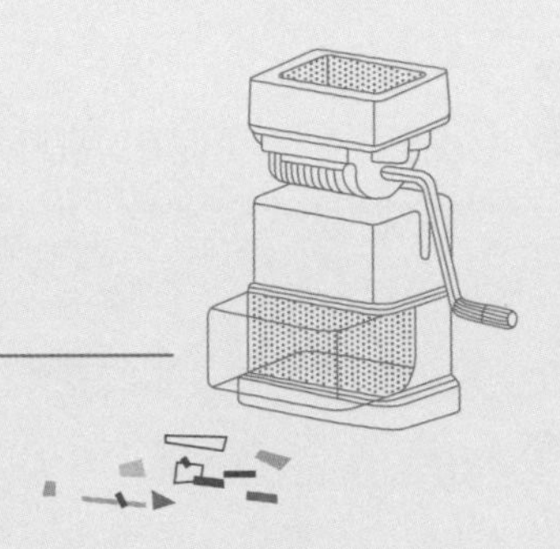

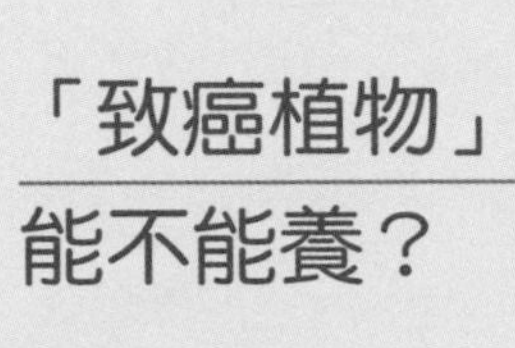

# 「致癌植物」能不能養？

◎風飛雪

Q

虎刺梅、變葉木、夾竹桃等植物含有致癌物質和致癌病毒，連栽種過的土壤中都含有致癌病毒。目前已證實有52種促癌植物，建議各位愛花的朋友及早「清理門戶」，儘量不要在家裡種植致癌植物。

還是在數年之前，新聞和網路上突然流傳開了這樣一條消息，說是經檢測發現有五十多種植物可以致癌，並附上了這些植物的名單。消息一出，引得眾多養花愛好者心驚膽戰，不少花草慘遭「清掃」。無獨有偶，一則「夾竹桃可以致癌」的消息也是不脛而走，於是上海等地大片作為行道樹種植的夾竹桃慘遭滅族之災。幾年過去了，這些消息仍不時出現在網路與現實生活中，經常被人提起，讓想購買花卉的人猶豫再三。真相究竟是怎樣的呢？

## 「致癌」還是「促癌」？

追究這個「致癌植物」名單的來歷，可以發現最早是在1992年中國預防醫學科學院病毒學研究所曾毅院士的一篇《誘導Epstein-Barr病毒早期抗原表達的中草藥和植物的篩選》文章中提到的[1]。文中說，以帶EB病毒的Raji細胞為實驗物件，「篩選了1,693種植物，發現其中52種具有誘導EB病毒早期抗原表達的作用」。而這52種植物，恰好就是新聞中提到的「52種促癌植物」。那麼EB病毒是什麼？EB病毒和植物、癌症又有什麼關係？下面來詳細解答。

EB病毒（Epstein-Barr virus），是於1964年由愛波斯坦（Epstein）和巴爾（Barr）等人在非洲，從患有淋巴瘤的人群中分離到的一種病毒。這種病毒屬於皰疹病毒的一類，因此也被稱作人類皰疹病毒第四型。這種病毒可以說是分佈最為廣泛的病毒之一，地球上90%以上的人口都受到這種病毒的感染，在美國這個比例更高達95%[2]。不過，EB病毒雖然分佈廣泛，但大多數時期並不會對人體健康產生顯著影響，在個別情況下，EB病毒感染會造成發熱、單核白血球增高等狀況。有意思的是，由於EB病毒可以通過唾液進行傳播，因此親吻成了EB病毒傳播的途徑之一，從而使得EB病毒感染又獲得了「吻病」的名號。

然而，在一些情況下，EB病毒就會從默默無聞的潛伏中「甦醒」過來，開始進行大量的複製活動。而其複製活動的產物，則可以使被感染的細胞的信號通路（控制正常分化，增殖）產生異常，從而發生癌變。同時，EB病毒活動的產物還能促進其他具有致癌作用的病毒（如猿猴病毒40）的活動。前面提到的「早期抗原」，正是病毒開始變得活躍的標誌[3]。檢測到了早期抗原，就表明EB病毒可能具有了導致細胞癌變的能力。

那麼什麼情況會造成EB病毒變得活躍呢？研究人員發現，一些植物產生的化學物質能使EB病毒從潛伏狀態轉變為活躍的複製狀態。這些物質本身並無導致正常細胞癌變的能力，但由於其能啟動潛伏的EB病毒，而啟動的EB病毒又能促使細胞癌變，因此這類物質被稱為「促癌物質」。用通俗的話來說，這些物質只是導致癌症的幫兇，而非主犯。在前人的研究中，從巴豆（Croton tiglium）種子中提取的巴豆油具有很強的誘導EB病毒早期抗原的能力。經分析，巴豆油中含有的一種名為12–氧–十四烷酸–大戟二萜醇–13–乙酸酯（TPA）的物質是促進細胞轉化和癌變的罪魁禍首[3]。

現在，我們可以明白EB病毒、植物和癌症三者間的關係了，經過實驗證明，這些植物的提取物，具有誘導EB病毒早期抗原的能力，表明可以啟動EB病毒；而EB病毒的活動，則可以促進細胞的癌變。因此說這些植物具有促癌作用是可以理解的。不過可以看出，植物本身並不產生EB病毒，存留在土壤中的也只是通過落葉或根系釋放到土壤中的促癌物質。「植物含有致癌病毒」以及「土壤中殘留病毒」的說法並不正確，是對資訊的誤讀。

## 能「促癌」就不能養嗎？

既然實驗表明這些植物含有促癌物質，那麼這些植物還能養嗎？可能這是眾多養花人士心中的疑慮。事實上，對於這些含有促癌物質的植物，在正常養護過程中是不會對人體造成傷害的。

這些促癌物質，從本質上來說，都屬於植物的次生代謝產物，是植物體產生的一大批結構和種類複雜、並不直接參與植物生長發育的化合物。它在生活中隨處可見。從橡膠到香料，從精油到植物中提取的藥物，這些物質基本上都來自於植物次生代謝產物。次生代謝產物的存在，除了能夠起到吸引昆蟲傳粉及植株間資訊傳遞的作用外，最為重要的作用是賦予植物抵抗外界環境侵襲的能力。

以開頭提到的鐵海棠、變葉木為例，當它們的葉片或枝條受到損傷時，可以看到損傷處有白色液體滲出。這些乳汁的存在一方面可以降低動物取食時的適口性，同時在滲出後可以封閉傷口，降低微生物入侵的風險。值得一提的是，同屬於大戟科的橡膠樹，同樣具有白色的乳汁，而這種乳汁的凝結產物，就是大名鼎鼎的橡膠了。由此可見大戟科植物的次生代謝產物較為豐富，因此也可以理解為何名單中有一半植物都屬於大戟科了。

這些起到防禦作用的次生代謝產物，一般都是存在於植物體內，只有當植物體發生損傷時才會被釋放出來。同時，還需要動物體攝入這些物質，才能起到毒害或驅離的效果。或許有的朋友會問，是否促癌物質可以以揮發物的形式被人體吸入而產生促癌的風險呢？事實上，這種風險是很低的。

這是由於促癌物質並非是易於揮發的酯類、烷烴類等，它的分子量較大，因此揮發性較差。同時促癌物質多為水溶性物質，這在含水量較高的植物中更進一步限制了其揮發能力。因此促癌物質通過揮發而被人體攝入的量微乎其微。對虎刺梅揮發性成分檢測的實驗也表明，其揮發性物質中並未檢測到促癌成分[4]。由此可見，對於這些含有促癌物質的植物，在栽培養護過程中應儘量減少損傷，避免接觸植物分泌物，在侍弄過植物後注意洗手，這些都可以有效避免接觸到促癌物質。同時為了安全起見，名單內的植物不宜在臥室等和人長期共處的空間內擺放（臥室裡適合擺放什麼植物呢？詳見果殼網「你想睡誰？臥室裡的植物指南」），一定要擺放時，則可以通過加強通風的方式降低可能的攝入。注意好以上幾點，就可以安心地種植這些植物了。

## 如何和有毒植物打交道？

除了名單上的這52種「促癌植物」，我們身邊還不乏其他具有毒性的植物。其中夾竹桃就是比較有名的一種。夾竹桃導致人中毒甚至死亡的報導幾乎每年都能看到，而幾年前「夾竹桃致癌」的傳聞更讓夾竹桃成為了不被人待見的植物。事實上，「夾竹桃致癌」只是因為其有毒、並且在氣溫較高時有異味而被訛傳出了「莫須有」的罪名。在對夾竹桃揮發物進行分析後發現，其中並不含有致癌或促癌成分。與此相反的是，夾竹桃揮發物中的主要成分水楊酸甲酯和丙烯酸，都具有一定的殺菌作用[5]，因此，夾竹桃是一種良好的庭院樹種和行道樹種。

夾竹桃的毒性，主要來源於其莖葉中含有的多種強心苷類物質。這類物質在被攝入人體後可以導致心肌收縮顯著加強，過量攝入則會導致心律失常，嚴重的導致死亡[6]。不過，夾竹桃中含有的強心苷類物質與上面提到的促癌物質一樣，平時都安靜地存在於植物體內，並不會揮發到空氣中。只有在誤食其枝葉，或是其分泌物接觸黏膜時，這些強心苷類物質才會被機體吸收，從而顯示其毒性。

A

謠言粉碎。

該如何正確對待有毒植物？需要注意的有以下幾點：別隨意摘取植物的花、葉、莖，以免植物釋放體內的有毒物質；在接觸這些植物後，要仔細清洗接觸部位，防止有毒物質存留；千萬別隨意取食植物組織，同時也要避免植物組織和食物的接觸；若出現中毒症狀的，要及時就醫。

做到以上幾點，我們就沒有必要對有毒植物抱有恐懼心理，可以在日常生活中合理種植這些植物，讓它們為人們的生活帶來益處。

需要指出的是，含有有毒物質的植物，其中很多都被當作藥材使用。而在使用這些植物藥材時，有毒物質會不可避免地被人體攝入。因此在使用植物組織或植物提取物作為藥物時，必須明確其中所含成分的種類和含量，以及其藥理、毒理作用，在使用過程中嚴格控制用法和用量，來減輕或避免有毒物質對人體帶來的毒副作用。

## 參|考|資|料


[1] 曾毅、鐘建民、葉樹清，誘導Epstein-Barr病毒早期抗原表達的中草藥和植物的篩選，病毒學報，1992。

[2] 賀修勝、陳主初，EB病毒與鼻咽癌相關的分子機制研究進展，中國腫瘤，2003。

[3] (1, 2) N Yamamoto, H ZUR HAUSEN. Tumour promoter TPA enhances transformation of human leukocytes by Epstein-Barr virus.Nature. 1979.

[4] 陳卓全、王勇進等，植物揮發性氣體與人類的健康安全，生態環境，2004。

[5] 龐名瑜、薑義華等，夾竹桃氣體揮發物分析，中國園林，1999。

[6] 邢曉娟，夾竹桃的藥理作用與臨床應用，現代醫藥衛生，2007。

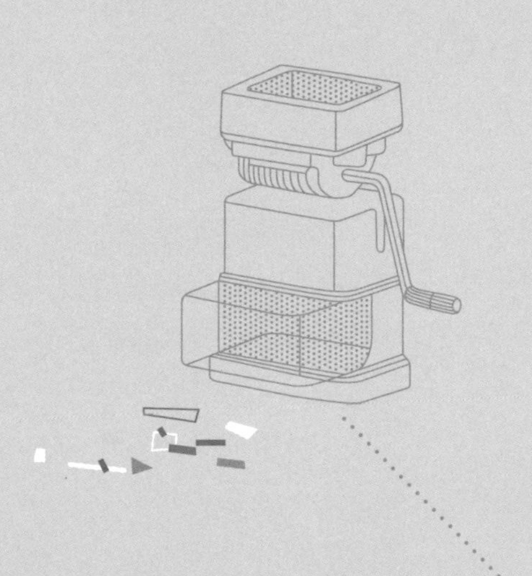

4

第三章 /

# 身在都市漂，哪能不招謠？

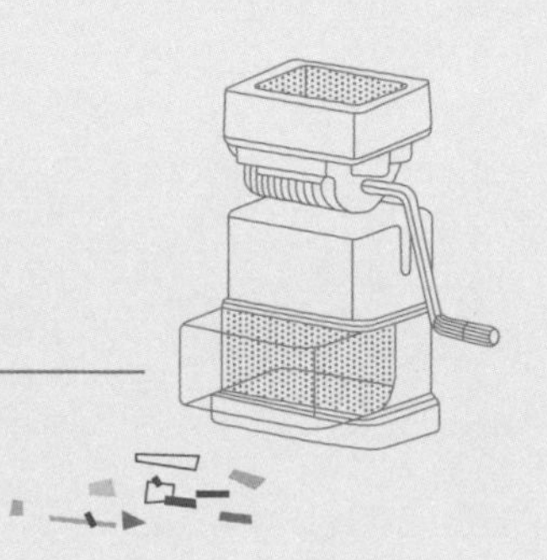

# 長腿妹更容易得癌症嗎？

◎遊識猷

Q

個頭高的女性，罹患癌症的概率也隨之「高人一等」？權威期刊《柳葉刀．腫瘤學》2011年7月刊登的一則研究可謂一石激起千層浪，英國《每日郵報》的報導中，標題索性直接寫道：何以長腿妹癌症發病率增加三成？

是否長腿妹妹們得提前開始立遺囑，或者更勤快地跑醫院體檢篩查癌症？我們究竟該如何理解這項研究呢？

首先要證實一下，這個結論頗有點匪夷所思的研究不但確實存在，而且屬於品質較高的一個大規模前瞻性研究。

流行病學有所謂前瞻性研究與回顧性研究。回顧性的研究，是讓已經確診癌症的患者與健康的對照組人群來回憶自己過往的生活習慣。沒有人一輩子過著循規蹈矩完全符合健康指南的生活，回憶往昔，每個人都能或多或少地想起一些不太好的習慣。而比起健康者，罹患癌症的患者可能會更渴望「找出病因」，他們在回憶時會聯想得更巨細靡遺，從而造成一些統計上的系統偏差。

而前瞻性研究的方式，是找來一群從未診斷出癌症的健康人群，然後開始多年的持續追蹤——研究者必須定時和他們聯繫，取得他們近期的生活習慣與健康狀況，直至他們被診斷出癌症為止。這種方式因為避免了回憶時的偏倚而更加準確，結果也往往更被學界認可。

現在，就讓我們來仔細看看，這篇論文究竟談了些什麼。

## 統計數字的遊戲

這篇論文的資料可分為兩部分，第一部分來自追蹤英國女性的前瞻性研究；第二部分則是回顧一些過往的研究，把其中提供的身高與癌症發病率資料進行了綜合分析。

1996年到2001年，研究者說服了英國近130萬中年女性參與這項長期健康追蹤研究。這些女性被分為六個身高組：低於

155公分、155~159.9公分、160~164.9公分、165~169.5公分、170~174.9公分，以及175公分以上組。被研究的女性平均被追訪9.4年，在此期間，她們中一共被診出了97,376例癌症。考慮到癌症實際上是一大類疾病的統稱，因此研究者不僅計算了癌症總發病率，還根據發病部位再進一步細分後，統計了17種癌症在不同身高的女性中的發病率。

為了讓概率更一目了然，研究者使用的數值是相對風險（RR）——以最矮一組（155公分以下組）的罹癌概率為參照，其他組的罹癌概率除以最矮組的罹癌概率，得到的值就是所謂的相對風險。於是最矮一組的相對風險值就是1，而隨著身高升高，統計出的相對風險值也不斷增加。

## 相對風險與身高的關係

研究者追訪得到的癌症總體風險資料顯示，身高每增加10公分，罹患癌症的相對風險增加16%。最高的175公分以上組，癌症相對風險比起最矮的155公分以下組增加了37%——這正是每日郵報那個駭人標題的由來。

再進一步細看，研究者統計的17種癌症中，一共15種符合「身高越高，罹癌相對風險也越高」，其中有十種是所謂「統計顯著」，即這種正相關極可能是事出有因。其餘的五種則不能排除一種可能——觀察到的概率升高只是隨機的誤差。

這十種癌症按其增加的相對風險大小排列分別是：惡性黑色素瘤32%，腎癌29%，白血病26%，結腸癌25%，非霍奇金淋巴瘤

21%，中樞神經系統癌症20%，子宮內膜癌19%，乳腺癌17%，卵巢癌17%，以及直腸癌14%。

過往研究的綜合分析結果與此類似，不論男女，不論地區——不論亞洲、歐洲、美洲還是澳洲，世界各地的人群中身高都與癌症發病率呈現正相關，這些資料看起來相當駭人。「罹癌相對風險增加三成」，看起來簡直令長腿妹妹們恨不得立刻截了自己的腿。然而，假如考慮到研究人群中癌症的絕對發病率並不高，真正增加的絕對風險也就不那麼嚇人了。在追蹤的近十年裡，最矮一組的233,516人裡，有15,792人檢出癌症，癌症發病率是6.8%。最高一組的46,138人中，有4,092人檢出癌症，發病率是8.9%，平均下來，人們每年增加的罹癌絕對風險約為0.2%。換言之，每年最矮一組每千人中可能有七個人新檢查出癌症，而最高一組每千人中會有九人檢出——每年每千人中多兩個人。

## 從相關到因果

當然，從正相關到因果關係的證明並不那麼簡單。就像救火車出現和火災發生正相關，但這並不能證明救火車出現是火災的原因。要把「長得高」列入「癌症高危因素」中，研究者還需要做很多工作。

其中之一就是盡可能地排除其他干擾因素的影響。例如，由於營養狀況改善，出生年代越晚，平均身高往往越高。時代差異不僅僅造就了身高差異，還有環境與生活方式差異——比如許多女性開始推遲生育，而這對乳腺癌和卵巢癌的概率都有影響。又例如，社會經濟地位較高的女性平均身高也相對較高，而這種差異對所處環境與生活方式的影響也不可輕視。由於在這項追蹤研究中，追訪的人群極大，這就為研究者們排除各種干擾因數提供了機會。事實上，他們的確考慮了可能造成影響的一系列因素：年齡、首次生育時的年齡、所在地區、體重BMI指數、社會經濟地位、吸煙與否、鍛煉習慣、酒精攝入等等。

研究者認為，從資料來看，在排除大部分干擾因素的影響後，高出十公分的長腿妹妹們仍然穩定地擁有1.16的相對罹癌概率。不過諸多因素中，有一個例外——抽煙。檢測抽煙者中那些與抽煙相關的癌症發病率發現，高出十公分的長腿妹妹們的肺癌等罹癌相對概率變成了1.05，這顯示吸煙帶來的負面影響「掩過」了高度的影響，讓高度差變得不那麼重要了——不論你在怎樣的海拔處噴雲吐霧，癌症的陰霾都與你如影隨形。

吸煙的這種效應在對過往研究的綜合分析中亦有體現。在兩性均有參與的研究中，女性的這種「身高效應」更為顯著，男性的資料則相對較弱，研究者認為這可能正是緣於男性吸煙者較多，從而影響了統計資料結果。

而研究者也提出了癌症「高」發的幾種原因假說。可能機制之一，是發育階段的某個因素既導致了長得更高，同時也為未來的癌症埋下了隱患。這個因素可能是營養狀況、感染病史，或者激素水準——尤其是會刺激細胞分裂的胰島素樣生長因數（Insulin-like Growth Factors，IGFs）水準。這種因數出現在許多信號通路中，對身體的多種機能都有著調節作用——宏觀上說讓人長高長胖，甚至眼軸變長發生近視都與之相關；細胞微觀水準上，它能促進細胞長大與分裂，抑制程式性細胞凋亡……而癌症的發生機理雖然尚有許多不明確之處，但細胞凋亡的抑制顯然是其中的重要一環。

可能的機制之二則更加簡單直觀，排除了體重這個干擾因素影響後，高個子的體細胞與幹細胞數目顯然比矮個子的細胞數目更多，於是細胞多則複製更多，從而出錯機會更多，體內某個細胞的變異積累到發生癌變的概率也更大。

不管如何，這次的大規模前瞻性實驗的確把身高這個因素推到了眾人矚目之處。研究的主導者，牛津大學癌症流行病學中心的簡・格林博士就表示，假如能證實身高與罹癌間存在某種機制，那麼20世紀以來的平均身高增長，對同期的癌症發病率升高亦有貢獻。自1900年以來，歐洲成年人的平均身高每十年約增加一公分，這可能增加了近代10~15%的癌症相對風險—當然，在證明高度是個獨立影響因素之前，這一切都還只是猜想而已。

總而言之，三成的相對風險看似驚人，其實每年增加的絕對罹癌風險大約只是0.2%。長腿妹妹們在瞭解這一最新前沿發現時，完全無須背上太過沉重的心理負擔。研究者們的確把我們對這個世界、對我們自身的認知又向前推進了一步，然而在這一步之外，依然是茫茫的黑夜，還有許多問題要留待未來的研究去解答。

不過值得注意的是，這個研究實際上再一次證實了一個老生常談的觀點——吸煙大大影響了罹患某些癌症的概率。儘管報導時，記者偏愛前所未聞的假說，然而在科學界，更重要的其實是能被一再證實與重複的東西。

謠言粉碎。

就目前的結果來說，高個子還無須感覺「高處不勝寒」，也沒有必要額外增加體檢或者癌症篩查——特別是CT（電腦斷層掃描）一類的檢查會否因電離輻射帶來額外的癌症風險還是個有爭議的話題。比起杞人憂「高」，不如踏踏實實地均衡飲食、適量運動、戒煙少酒。畢竟，遺傳背景與生俱來，幼兒乃至少年期間的生活歷程也多仰賴他人之手。當我們可以控制自己的生活時，是鶴還是雞已經基本定型——這一切都決定了身高是件自己難以掌控的事，但生活方式的選擇，則全在你一念之間。

## 參|考|資|料

[1] Green J, Cairns B J, Casabonne D, Wright F L, Reeves G, Beral V; Million Women Study collaborators. Height and cancer incidence in the Million Women Study: prospective cohort, and meta-analysis of prospective studies of height and total cancer risk. Lancet Oncol. 2011.

# 維生素B1驅蚊？不可信！

◎薄三郎

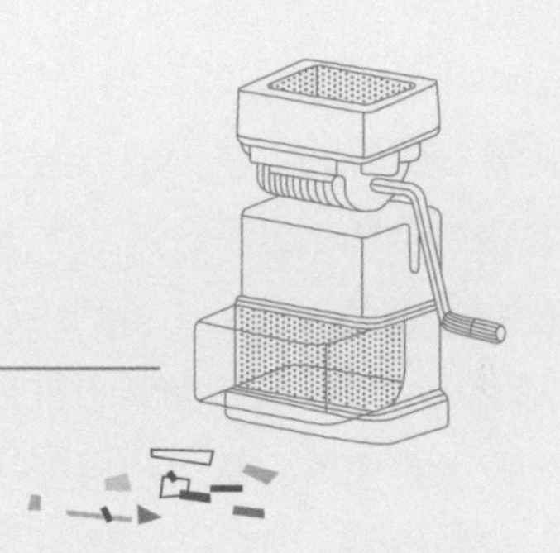

可信。將水灌入小瓶，後放進藥片，搖勻，睡前將小瓶對準胳膊、腿、身體等部位噴一下即可。因為蚊子害怕複合維生素B1的味道。

維生素B1能驅蚊防蚊，是個流傳已久的網路傳說。在國外網站上也有很多關於它的討論，不過使用方法是每天服用100毫克的維生素B1。若追本溯源，「維生素B1驅蚊」最早來自西方，這是一個不折不扣的「輸入型」流言。

1943年，一位名叫香農（W. Ray Shannon）的醫生在美國《明尼蘇達醫學》雜誌上發表論文宣稱，維生素B1水溶液有助於預防蚊子[1]。遺憾的是，無論從理論上還是從實驗層面，「維生素B1能驅蚊」的說法均未得到驗證。

到了1969年，有研究者對維生素B1是否能驅蚊的問題進行了研究，此後發表的文章在題目中就直言不諱地指出，「維生素B1不是人用驅蚊劑」[2][3]。2005年，美國威斯康辛大學動物學研究者艾夫斯（A. R. Ives）與同事對維生素B1能否應用於驅蚊防蚊進行了全面深入的研究[4]，結果表明，維生素B1對蚊子落在皮膚表面的次數不會有什麼影響。換句話說，後面兩個研究都認為，維生素B1不會有什麼驅蚊效果。

美國食品藥品監督管理局曾對市面出售的非處方類（OTC）驅蚊劑有過說明[5]。其中就明確提到了維生素B1類的藥品：

口服維生素B1是市面上一種驅蚊類OTC藥品。目前，尚無充分資料表明這種成分是有效的。那些在藥品標識上表明是口服驅蚊類OTC藥品的產品是虛假的、誤導的，並無科學資料支援的……總之，任何宣稱含有驅蚊成分的口服OTC藥品，並不能確保安全有效。

此外，在美國疾病控制與預防中心的網站上公佈出的確證有效的驅蚊成分裡，也並沒有提到維生素B1[6]。

人們相信維生素B1能預防蚊子的一大原因是，維生素B1具有一種很噁心的味道——聞上去有微弱的臭味，嘗起來是苦的，於是便想當然地認為，既然我們不喜歡這味道，蚊子恐怕也不愛。遺憾的是，這種想法雖好，但蚊子壓根不吃這一套。比如，你我避之不及的汗臭味，蚊子就挺喜歡的。

其次，維生素B1的水溶性很強會帶來另外的問題。它在水中並不穩定，怕熱，見光容易分解。將維生素B1溶解在水裡噴灑的做法就顯得更加不可靠了。插句題外話，近幾年出現的某些功能飲料，宣稱含有水溶性維生素B1，有助人體機能，可千萬不要去相信。等到飲料喝到你嘴裡時，它基本上就分解完畢了。

值得提醒的是，人體每天對維生素B1的需要量在1~1.5毫克，肉類、豆類、堅果中都含有豐富的維生素B1，一般不需額外補充。而網路上流傳的各種維生素B1驅蚊配方裡，其劑量接近正常人體需要量的100倍。儘管較少有維生素B1過量危害的報導，但可能對其他B族維生素吸收、胰島素與甲狀腺素的分泌產生干擾，大量補充並不是明智之舉。

A

謠言粉碎。

關於「維生素B1是天然的驅蚊劑」這個話題，目前的科學研究結果並不支持。

## 參|考|資|料

[1] Shannon. W R. Thiamin chloride: An aid in the solution of the mosquito problem. Minn Med. 1943.

[2] Khan A A, Maibach H I, Strauss W G, and Fenley W R. Vitamin B1 is not a systemic mosquito repellent in man. Transactions of St. John's Hospital Dermatology Society. 1969.

[3] Maasch H J. Investigations on the repellent effect of vitamin B1. Z Tropen Med Parasit. 1973.

[4] Ives A R, Paskewitz S M; Inter-L&S 101; Biology Interest Groups; Entomology Class 201.Testing vitamin B as a home remedy against mosquitoes. J Am Mosq Control Assoc. 2005.

[5] FDA. Sec. 310.529 Drug products containing active ingredients offered over-the-counter (OTC) for oral use as insect repellents.

[6] CDC. Insect Repellent Use and Safety.

# 溫泉魚SPA會傳播疾病嗎？

◎貓羯座

許多人都覺得，被溫泉裡的小魚按摩咬死皮，是件有趣的事。但英國專家近日警告，小魚咬死皮可能傳播HIV愛滋病和肝炎（如B型肝炎）。英國衛生防護局說，糖尿病患者、牛皮癬症患者以及免疫系統衰弱的民眾，特別容易因此受到感染，絕對不要因為流行而冒險嘗試！

溫泉魚SPA最先興起於土耳其。使用的小魚一般是淡紅墨頭魚（Garra Rufa）和大口小鯉（Cyprinion Macrostomus）[1]，其中又以淡紅墨頭魚為主。牠們主要出產於中東的北部和中部河流流域，因為過度的商業出口行為，這種小魚目前已經受到當地法律的保護並限制出口。

淡紅墨頭魚的食性很廣，跨越了鹹、淡水的藻類（特別是綠藻和矽藻）、原生動物、輪蟲、小型甲殼類，有時甚至包括昆蟲的幼蟲，等等。這些小魚遭遇食物短缺或受限時，會進食動物的皮屑，於是那些觀察敏銳並富有想像力的人，開始嘗試用牠治療銀屑病。

銀屑病是一種慢性、反復發作、以表皮細胞過度增殖為特點的皮膚病，其病因和發病機制至今仍不是十分清楚。發病期間會產生大量的皮損，典型的皮損是紅色斑丘疹，表面覆蓋銀白色鱗屑，形如牛皮，因此又稱為牛皮癬。這些處於發病期的病人，最受饑餓的淡紅墨頭魚歡迎；而作為「魚飼料供應者」的病人本身，也自我感覺療效頗好。商家嗅到這個能夠發家致富的資訊以後，就廣泛宣傳淡紅墨頭魚的「神奇療效」，從此，這種魚便作為一種另類「醫生」得到推廣。事實上，通過文獻檢索，也偶有發現淡紅墨頭魚對治療銀屑病有效的例子[2]，但報導不多，亦未見有關於其副作用或負面影響的文獻。

## 魚SPA有傳播疾病的風險嗎？

隨著魚SPA事業的興盛，一些政府衛生部門開始意識到其中的潛在衛生問題。即使缺乏科學證據，美國的部分州和加拿大的部分省都對此療法提出了禁令，依據包括如下三個方面：

1. 魚SPA所使用的器械包括盛載容器，沒有嚴格消毒；

2. 動物療法在各美容美髮中心沒有辦法保證其安全性，應該被禁止；

3. 淡紅墨頭魚是因為饑餓才會啃噬人類的皮膚，這種療法難免損害動物福利。

《華爾街日報》曾調侃道：「美容法規定一般工具，應在每次使用後丟棄或消毒，但明顯，每次丟棄這種小魚成本太高。而解決方法是，用350℃高溫對小魚烘烤20分鐘[3]。」英國有近300家開展魚SPA服務的機構，甚至一些大型購物商場內也有美容機構開展魚SPA服務，而且相當熱門。英國衛生防護局因此就魚SPA服務的情況對其環境健康和安全進行了一系列的評估，並將報告發表成相關的健康指南[4]。流言中提到的來自「英國專家」的報導，就是出自這個指南。

流言中提到的令人聞之色變的愛滋病和B型肝炎是血液傳播性疾病，它們是能通過人體的血液及其他體液傳播的疾病，這樣的疾病還包括C型肝炎。其中，B型肝炎的傳播效率最高，同時，B型肝炎病毒在環境中的耐受性最好，能在環境中存活的時間最長，是以上三種疾病中最易傳播的。但需要指出的是，上述所指傳播一般是日常生活中體液交流時的傳播，並未包括在泳池和魚SPA池等這些特殊情況。

事實上，淡紅墨頭魚沒有牙齒，並且僅以死皮為食。英國衛生防護局相關的指南稱，有少數未經證實的傳聞提出，進行魚SPA的患者說曾經在魚池中受傷流血，可能是由淡紅墨頭魚造成的。但其實覆蓋身體和足部的皮膚相對較厚，淡紅墨頭魚又沒有牙齒，故我們能夠推斷牠造成皮膚開創性傷口的可能性很小。

退一萬步來說，我們假定這種小魚真能造成創口，創口又真有體液滲出，這些體液在浴池中經過大量的池水稀釋，病毒經過漫長旅程找到另一位具有傷口的宿主，並造成其感染，機會也相當微小。英國衛生防護局的報導裡提到，溫泉魚SPA傳播愛滋病、B肝的風險無法絕對排除，但它還提到，至今尚未有一例因此感染的案例被報導。

其實，從公共衛生的角度考慮，我們更應擔心的是魚SPA潛在性的細菌和寄生蟲感染風險。盛載小魚的魚池，水溫一般和體溫相近，小魚在池中解決吃和排泄，若沒有妥善處理，魚池可能成為絕佳的病原體繁殖環境。英國衛生防護局的相關防護指南中根據感染概率及危害性能將所有病原體分成高、中、低三個級別。在魚SPA中，比較常見或高危感染主要包括海洋分枝桿菌造成的泳池肉芽腫（或稱魚缸肉芽腫）、綠膿桿菌造成的毛囊炎、濕疹等。防護局同時也指出了，這樣的傳播可能是通過淡紅墨頭魚，亦可能是通過浴池地板的接觸，或直接通過浴池水。

合理地干預和實施品質管制措施對於任何行業都有保障意義，上文提到的防護指南建議，通過以下五個方法可以保證魚SPA在較為安全的方式下進行：

1. **化學消毒**
2. **高密度UV紫外線滅菌**
3. **過濾**
4. **水溫控制**
5. **換水**

另外，具體操作其實應該還包括進口可靠供應商的魚苗，如在歐洲，就由統一的機構為所有魚SPA服務提供可靠的淡紅墨頭魚魚苗。用於治療的小魚應該在五到十公分大小（1~1.5歲）。為確保小魚不會過度饑餓導致人體損傷，還應保持一定的魚飼料投放量。

另外，區別於國內常見的那種大池養育溫泉小魚的方式，國外那些較為正規的魚SPA服務，特設有治療浴缸，每個浴缸容量約為1,100升，使用時裝約80%的溫水，根據病人皮損的大小和嚴重程度，裝入250~400條小魚。治療浴缸中的水應該得到專業的過濾和紫外線消毒，同時應保證含氧豐富以維持小魚的生存。為確保水的清潔，每天置換的水量應該是浴缸水的三到四倍。另外，應配備溫度控制的相應措施，上文提到的防護指南建議每天對魚SPA使用的浴缸單獨加溫至70℃並保持一小時，這樣對一些病原體有較好的滅活作用。平時使用時，可將浴缸的水溫保持在36~37℃。每個患者使用一個獨立的浴缸，以免造成交叉感染。為確保不會有任何潛在的人畜共患病感染的風險，常見的可能造成感染的細菌應每週檢測一次，例如軍團菌、綠膿桿菌、嗜水氣單胞菌、溫和氣單胞菌、豚鼠氣單胞菌、海洋分枝桿菌和海魚分枝桿菌等[2]。

謠言粉碎。

溫泉魚SPA傳播B肝、愛滋病這樣的血液傳播性疾病可能性微乎其微。但這並不是說它100%安全，若消毒工作沒有做好，這種所謂的治療反而會有傳播某些皮膚病的風險。鑒於國內缺乏相關的標準和行業守則，以及動物福利上的考量，我們並不建議您去體驗這種難說有效的療法。

## 參|考|資|料


[1] Wikipedia: Doctor fish.

[2] (1, 2) Grassberger M, Hoch W. Ichthyotherapy as Alternative Treatment for Patients with Psoriasis: A Pilot Study. Evid Based Complement Alternat Med. 2006.

[3] Ban on Feet-Nibbling Fish Leaves Nail Salons on the Hook.

[4] Guidance on the Management of the Public Health Risks from Fish Pedicures.

# 燙傷後敷麵粉？
# 小心火上澆油

◎和諧大巴

Q

一次我不小心把手碰到了沸水，一位越南朋友恰巧來到我家，即刻拿出一袋麵粉讓我把手放在麵粉裡十分鐘後拿出來，結果手上居然沒有灼傷的紅印或者水泡！現在，我總會在冰箱放一袋子麵粉，每次不小心灼傷自己，我就用麵粉敷，沒有一次是有紅印或水泡的。

注意：冷麵粉比常溫麵粉效果更佳！

要分析燙傷後敷麵粉有沒有用，得先知道燙傷的紅腫和水泡是怎樣產生的。

燙傷和燒傷一樣，其本質都是高溫對組織造成了損傷。真皮內微血管壁因為受熱損傷而擴張，通透性增加，血漿滲出到血管外，導致局部皮膚出現紅斑和水腫。如果微血管壁受損嚴重，滲出液體過多，這些液體就會積聚在表皮和真皮之間形成水泡。

## 重要的是降溫

組織受損的深度決定了燙傷的臨床表現是紅斑、水泡還是皮膚壞死，會否留下永久性疤痕，而這種損傷的廣度和深度則取決於熱源的溫度、熱能大小以及作用時間。

燙傷後如果不立即移去熱源、降低燙傷局部的皮膚溫度，熱能就會在皮膚中傳播擴散，使本來淺表的損傷加深，導致本不該形成水泡的形成水泡，不該留下疤痕的留下疤痕。所以，迅速降溫是燙傷急救的第一任務（這大概也是「冷麵粉效果更好」的原因），但這時找冷水沖淋顯然比去找冷麵粉更方便快捷，在降溫方面也更有效[1]。

## 敷麵粉有風險

對於燙傷，敷麵粉不但在消除熱源（降溫）方面沒什麼特別作用，對創面癒合也沒有幫助，甚至可能帶來傷口感染的風險，加重損傷而導致遺留疤痕。

如果燙傷部位的皮膚受損，其屏障能力就會下降，更容易受細菌感染，而創面感染又是影響創面癒合的負面因素，因此千方百計防止創面感染也是燙傷部位治療的重要任務。麵粉本身就不是無菌的，長期貯存的麵粉容易受到各種細菌、黴菌、蟎蟲的污染。用這樣的麵粉敷在脆弱的創面上，無疑會增加創面感染的機會。

其次，如果燙傷較重需要就醫，粘在傷口上的麵粉會影響醫生對傷情的判斷。固著在傷口上的麵粉也會使清洗困難，清洗過程的艱難會增加傷者的痛苦。因此，燙傷之後不要再去廚房尋找油鹽醬醋這些佐料了，麵粉、牙膏這些東西也別碰。

## 意外燙傷怎麼辦？

如前所述，燙傷之後應當爭分奪秒地降低燙傷部位的溫度，最簡單的方法就是就近尋找冷水、冰塊，迅速、有效地降低局部皮膚溫度，讓熱能不要再向深處穿透，同時也使微血管收縮，減少水泡的發生。冷水持續沖淋數分鐘是比較推薦的方法（注意！不要使用太大的水流沖，以免造成皮膚的破潰，增大恢復的難度，只要冷水流過燙傷的表面，能起到降溫作用就可以了），這樣既降低了局部皮膚溫度，又起到一定的清潔作用。面積較小的創面可以浸泡在冷水或冰水中來降溫。

如果燙傷部位有衣物覆蓋，要先儘快除去濕熱的衣物，如果衣物不好脫，可以剪開它們再移除，以保護創面的皮膚，減輕傷者的痛苦。這些處理的要訣在於快，而非把燙傷部位的溫度降得有多低。在完成上述急救措施之後，評估燙傷的深度，根據傷情採取相應的治療措施：

如果皮膚表面僅為紅腫，有燒灼感，而無水泡，為一度燙傷，無須特殊處理，三到七天自然癒合。創面皮膚在癒合後，可能會在數周內有短暫的色素沉著（發黑）現象，但之後多會逐漸消失，最終不會留下疤痕。

如燙傷局部紅腫明顯，有水泡形成，則為二度燙傷。如果水泡面積較小，可等它自己吸收消失。儘量避免碰破水泡，以防感染。為防止創面細菌感染，可以在醫生指導下外用磺胺銀軟膏或氧化鋅軟膏等局部抗菌藥物。也有研究認為含有奈米銀的敷料對傷口癒合有幫助[2]。如果水泡面積較大，或者水泡破潰，或者有創面皮膚感覺減退等嚴重情況，應及時就醫，避免由於自行處置不當所帶來的不良後果。

謠言粉碎。

燙傷之後的最佳處理方法是冷水沖淋降溫（注意不要造成燙傷部位的皮損），同時預防傷口感染。不要自行塗抹油鹽醬醋、麵粉、牙膏這些東西，沒有任何幫助，反而可能造成傷口感染，加重損傷而導致遺留疤痕。大面積的、嚴重的燙傷請在緊急降溫後及時就醫，避免因為自行處置不當帶來不良後果[3]。

## 參|考|資|料

[1] Beers M H主編，薛純良主譯，默克診療手冊（第17版），人民衛生出版社，2006。

[2] 吳在德、吳肇漢主編，外科學，人民衛生出版社，2011。

[3] Gravante G, et al. Nanocrystalline silver: a systematic review of randomized trials conducted on burned patients and an evidence-based assessment of potential advantages over older silver formulations. Ann Plast Surg. 2009.

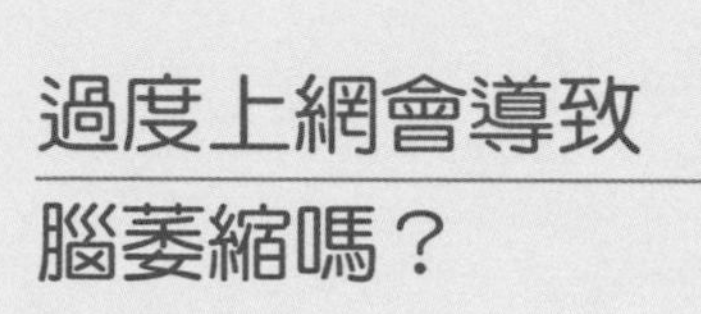

# 過度上網會導致腦萎縮嗎？

◎charibe

過度上網可能導致青少年腦部出現變異，令大腦皮層中負責處理情緒、語言、視覺、聽覺等功能的灰質萎縮，而且上癮時間越長，灰質萎縮得越嚴重，對注意力、記憶力、決策力，定目標等能力的影響也會更強。青少年每天上網時間最好不超過兩小時。

這條流言脫胎於此前活躍於各大網站的「過度上網導致腦萎縮」的報導[1]。這些報導都來源於一篇發表在2011年7月份PLOS ONE（Public Library of Science，即公共科學圖書館的系列期刊之一）上的論文，裡面用影像學的方法研究了18名網路成癮的大學生的腦部結構，發現在某些腦區（如背外側前額葉皮層DLPFC、輔助運動區SMA、眶額皮質OFC等），這些網癮同學的灰質體積小於同齡正常對照者[2]，即報導中提到的「腦萎縮」，而且網路成癮時間越長，這種萎縮就越明顯。

暫且不提研究樣本容量太小以及是否遵循隨機抽樣的原則等問題，此項研究在經過嚴謹地統計分析後，研究物件與對照組之間確實存在具有統計學意義的差異，即「腦萎縮」與網路成癮確實存在某種關聯，但這並不等於報導所說的「過度上網導致腦萎縮」。

## 網路成癮≠過度上網

論文的研究物件是網路成癮的青少年，所謂「網路成癮」，是指無成癮物質作用下的上網行為衝動失控，表現為過度使用網路而造成個體明顯心理和社會功能損害[3]。判斷是否「網路成癮」，目前較為簡潔且權威的方法是回答楊氏網癮調查問卷（Young' s Diagnostic Questionnaire for Internet Addiction，YDQ）診斷量表：

1. 是否著迷於網路？
2. 為了達到滿意，是否感覺需要延長上網時間？
3. 是否經常不能控制自己上網、停止使用網路？

4. 停止使用網路時，是否感覺煩躁不安？

5. 每次上網的時間是否比預計的要長？

6. 你的人際關係、工作、教育或職業機會是否因網路而受到影響？

7. 是否對家庭成員、醫生或其他人隱瞞你對網路的著迷程度？

8. 是否把上網當成一種逃避問題或釋放焦慮不安情緒的方式？

符合其中五條才可診斷為「網路成癮」。也就是說，除了上網時間要長外，還必須像煙癮酒癮那樣，無法控制自己的上網行為，並對上網產生一種依賴心理。這與普通的長時間使用網路但對上網行為有自控能力的「過度上網」是不同的。在論文中，「網癮大學生」平均每天上網的時間達到了10.2小時，一般人很難達到這個水準。

## 大腦萎縮與網路成癮，哪個在先？

研究確實發現網路成癮的青少年大腦中某些腦區灰質體積減小，但這只是一個斷面研究，並沒有對這些研究物件進行自身前後對比，而且有網癮者其心理行為本來就與正常人存在差異，這種差異會不會是因為其神經系統的發育本身存在一定缺陷所導致的呢？[4]

這就繞到了一個很基本的邏輯問題上：到底是網路成癮導致了大腦灰質體積縮小，還是灰質體積縮小導致了網路成癮的異常行為？抑或是網路成癮者，由於本身存在某些神經系統發育缺陷，導致其在長時間上網後，比正常人更容易出現腦萎縮？

雖然論文中提到，網路成癮時間越長，萎縮現象越嚴重，似乎暗示是網路成癮導致了腦萎縮，但這條線索並不具有足夠的說服力。即便有足夠長的時間去做一些跟蹤研究，可以在「網癮少年」沉迷於網路前記錄下他們的腦部結構，再與現在對比，也不能證明讓腦萎縮的就是長時間地沉迷網路。

## 禍首可能並非網路，而是「成癮」

網路成癮者，上網時間自然很長了，於是人們很容易把過度上網當成導致腦萎縮的原因，卻忽視了網路成癮的另外兩個字——「成癮」。

網路成癮者除了上網時間明顯延長外，與正常人還有另外一個顯著差異，那就是自控力減弱，而論文中提到的萎縮的腦區皆與自控力密切相關[5]。許多研究發現，藥物成癮者的腦中也有相似腦區的結構改變[5][6][7]。雖然是否是成癮行為本身導致了大腦結構的改變，尚無研究定論，但相應的，腦萎縮到底是由於長時間上網所致還是成癮行為本身所致，也有待進一步研究。

謠言粉碎。

說了這麼多，其實最關鍵的是，PLOS ONE上的原文是針對網路成癮的人群的，旨在研究網癮形成的機制及其對青少年的危害，能否將結論推廣到正常人身上尚無足夠證據。不過，各位網友還是應該養成良好的網路使用習慣，長時間使用電腦可能會出現電腦視覺症候群。

## 參|考|資|料


[1] 聯合早報網，中美專家：過度上網腦部萎縮警告網癮危害青少年，2011。

[2] Kai Yuan, Wei Qin, Guihong Wang, Fang Zeng, et al. Microstructure Abnormalities in Adolescents with Internet Addiction Disorder. PLOS ONE. 2011.

[3] 劉新民主編，變態心理學，北京，中國醫藥科技出版社，2005。

[4] Beard K, Wolf E. Modification in the proposed diagnostic criteria for Internet addiction. Cyber Psychology & Behavior. 2001.

[5] (1, 2) Wilson S, Sayette M, Fiez J. Prefrontal responses to drug cues: a neurocognitive analysis. Nature Neuroscience. 2004.

[6] 蔣少艾、王緒軼、郝偉，海洛因成癮者腦灰質密度的對照研究，中國藥物依賴性雜誌，2006。

[7] Li C S, Sinha R. Inhibitory control and emotional stress regulation: Neuroimaging evidence for frontal-limbic dysfunction in psycho-stimulant addiction. Neuroscience & Biobehavioral Reviews. 2008.

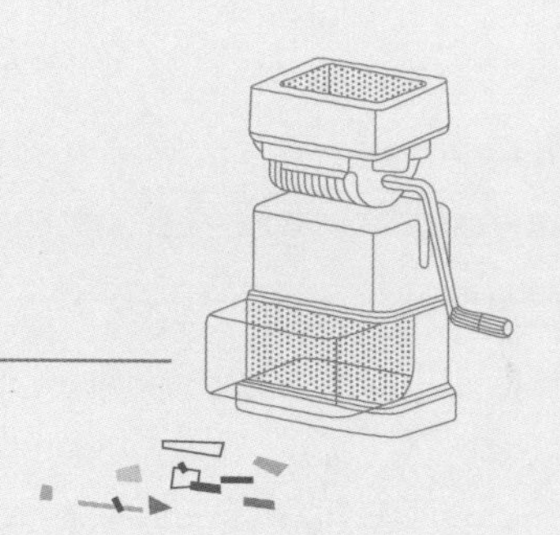

# 睡得越多，死得越快？

◎冷月如霜

Q

每天僅睡六、七個小時的人，比每天睡超過八小時，或少於四小時的人死亡率要低很多。睡得過多和吃得過飽都是一個道理，吃得八分飽，也許才是最健康的。因此，即使到點之後還覺得睏，你也應該説服自己別再賴在床上了。

人的一生有很大一部分時間在睡眠中度過。熬夜加班缺乏睡眠讓人精神不振，不少人都深有體會，但要說「每天睡超過八小時死亡率反而高」，可能不少人都會覺得不可思議。不過，美國癌症研究協會領導的一項大型研究確實發現在長達六年的追蹤時間內，每晚睡八個小時的人竟比每晚睡七個小時的人有著更高的死亡率。

這項名為「第二期癌症預防研究」（Cancer Prevention Research II）的研究目的在於搞清不同的環境因素和生活習性在癌症發病上起的作用，因此飲食、煙酒史、家族患病情況等資訊都會被一一記錄下來，而睡眠時間正是其中的參數之一。

該研究是一項大樣本調查，總共收集了116萬人的資料，受試者中最年輕的有30歲，最年長的有102歲。在調查問卷中，受試者需要如實填寫自己每晚的平均睡眠時間，並在四捨五入近似到小時後錄入資料庫。六年之後，調查人員對這些受試者進行了回訪，統計出了健在者和死亡者的名單，以此來計算每一個具有不同睡眠時長的群體的死亡率。最後的結果我們已經在開頭提到了——在排除了其他環境因素、生活習慣和健康狀況的影響後，平均每晚睡七個小時的人有著最低的死亡率，其次則是每晚睡六個小時的人，而每晚睡八個小時的人，死亡率竟要比每晚睡七個小時的人高出12%[1]。

除了睡眠時間長短，失眠是否對健康有影響也是容易勾起人們興趣的話題。這項研究通過調查每名受試者在過去一個月中失眠的次數，對失眠與健康的關係也做了研究。令人感到驚訝的是，失眠對死亡率只有很小的影響，失眠次數的多寡（從不失眠到每月失眠十次以上）也與相應群體的死亡率無關。然而在失眠頻度相同的情況下，長期使用安眠藥助眠會使每天睡眠七到十個小時的群體的死亡率明顯上升。

如果說「長期使用安眠藥會影響人的健康」尚且好理解，那麼「每天睡眠七小時而不是八小時才對健康有益」以及「失眠對人體的健康無害」這兩個觀點無疑顛覆了很多朋友的三觀。對於這項研究的解讀真能證實這兩個結論嗎？該論文的第一作者，來自加州大學聖達戈分校的克里普克（Daniel F. Kripke）教授對此的評價很是謹慎。

關於第一點，雖然睡眠時長和受試者六年內的死亡率呈現出極強的相關性，但之間的因果關係尚未得到證明。僅依靠目前已知的知識仍然無法確認究竟是睡眠時長導致了死亡率的不同，還是由於某些短期內致死率高的隱疾影響了人體的睡眠時長。無論是哪一種可能，其中的機理都有待闡明。關於第二點，很多時候的所謂「失眠」並不是真正的缺乏睡眠。仔細算來，許多受試者的睡眠時間依舊在正常人的睡眠範圍之內。此外，研究僅僅考慮了失眠頻度對短期死亡率的影響，諸如犯睏、情緒沮喪或注意力不集中等問題並沒有在這項研究中得到重視。在對「失眠」做出明確的定義，並檢視失眠對人體的其他影響之前，斷言失眠對人體的健康無害顯然為時過早[2]。

謠言粉碎。

因為最近幾周壓力大沒睡好而擔心自己的健康？沒有必要，而長期服用安眠藥助眠可能更是得不償失。雖然在闡明睡眠和健康之間的作用機理之前把每天的鬧鐘撥快一個小時並不是什麼明智的做法，但這項研究至少告訴我們，或許人類並不需要那麼多的睡眠。

## 參|考|資|料

[1] Kripke et al. Mortality associated with sleep duration and insomnia. Arch Gen Psychiatry. 2002.

[2] Buysse D J, Ganquli M., Can sleep be bad for you? Can insomnia be good? Arch Gen Psychiatry. 2002.

# 急救妙法可不妙

◎和諧大巴

Q

半身不遂徵兆出現時，取縫衣針刺破雙耳下垂各擠出一滴血，救急。心臟病猝發，用縫衣針刺破十個腳趾尖各擠出一滴血，病人即清醒。哮喘、急性喉炎病人出不來氣憋得臉紅，用縫衣針刺破鼻尖擠出兩滴黑血即愈。抽羊角風，用縫衣針刺破人中穴擠出一滴血，即可[1]。

針刺療法是一種古老的治療手段，在2000年前成書的《黃帝內經》中就多次提到通過刺血的方法治療疾病。《素問·調經論》中提到：「刺留血奈何，岐伯曰：視其血絡，刺出其血，無令惡血得入於經，以成其疾。」國外也有過放血治療的時代，但隨著醫學的發展，放血療法被發現不但起不到人們所期待的效果，反而是一種有害的行為，因此早已被現代醫學所淘汰。雖然中國傳統醫學的刺血療法遠比西方的放血療法使人失血要少，但對於流言中所說的幾種疾病，刺血對於急救而言恐怕是無濟於事的。從解剖學理論上來說，刺血這個過程僅僅是刺破皮膚的微血管，擠出其中的一滴血，因此不管刺什麼部位，都不會產生所謂的急救效果，而更像是一種隔靴搔癢的巫術儀式。在急重症治療方法已十分發達的今天，刺血療法更可能會因為耽誤寶貴的急救時間而給病人帶來無法挽回的損失，是不可取的。

針刺療法不可取，那遇到疾病突發的狀況，我們該怎麼辦呢？

## 尋求專業醫療救助，輔助心肺復蘇

由於很多急症需要儘快到達醫院進行特定的專科治療，因此當意外發生時，儘快轉運患者到具有專業醫療條件的機構是首先應當爭取的。但如果此時因各種原因患者心跳已經停止，那麼周圍的人應當立即給予心肺復甦術（CPR）救助。因為心跳停止意味著全身器官無法得到血液供應，而腦組織對缺血缺氧十分敏感（腦組織供血中斷後五分鐘即可出現不可逆損傷）[1]。因此這一步的救助在很大程度上決定了患者能否「復活」，以及復活後生活品質如何（如果腦死亡，那麼即使救活，也將變成植物人）。

心肺復甦術的操作可以概括為三個英文字母：ABC，指Airway（開放氣道）、Breathing（人工呼吸）、Chest Compressions（胸外按壓）。不過，在2010年美國心臟協會的CPR指南中，專家們認為胸部按壓對院外搶救的意義比人工呼吸要大得多，所以目前的CPR步驟已經調整成了CAB，把胸部按壓放在第一位[2]。

## 突然出現半身不遂該怎麼辦？

「半身不遂」其實是中風的表現之一。中風，是指各種原因（多為動脈硬化）導致的腦組織失去正常血液供應，從而出現的腦功能缺損。由於中風多為大腦裡某一支血管出了問題（稱為「責任血管」），往往造成局灶性的腦功能缺損，因此一般不會出現呼吸心跳驟停，CPR在這通常沒有用武之地。又因為中風的病因可能為腦缺血、腦出血和蛛網膜下腔出血，針對這些原因進行的治療有可能是完全不同甚至相反的，因此並不建議在院外進行救治，而應當盡可能在數分鐘內趕到有條件進行腦CT的醫院，在CT檢查排除出血後，儘快通過介入或者溶栓的方法打通堵塞的血管，恢復梗死部位的血液供應。

對中風的治療，迅速是關鍵。通常認為在發病六小時內打通堵塞的血管可以獲得治療效果，而六小時後再打通血管則會造成腦組織再灌注損傷，加重病情[1]。因此，千萬要爭分奪秒，時間就是腦細胞！

## 胸痛患者如何急救？

「心臟病猝發」多指心絞痛發作或心肌梗塞，也是由於給心臟供血的冠狀動脈狹窄、痙攣或者閉塞導致心肌缺血所致。少部分嚴重的心肌梗塞，可能併發心臟驟停或者心源性休克，需要進行CPR救助。對於已確診的冠心病患者來說，急性胸痛時應首先撥打急救電話，與此同時舌下含服硝酸甘油片或者舌下噴射硝酸甘油氣霧劑，在沒有潰瘍病等禁忌的情況下可以嚼服阿司匹林300毫克。

心肌梗塞的治療也是越快越好，發病後12小時內通過介入或者溶栓治療可以起到治療效果[3]，如果超過這一時間再治療，會造成心肌再灌注損傷。所以，還是要爭分奪秒，時間就是心肌！

## 突發呼吸困難患者如何急救？

流言中提到的哮喘急性發作是常見的導致突發呼吸困難的原因之一。哮喘發作主要是由於處於慢性炎症狀態的小氣道發生痙攣所致。重度急性發作時會有說話困難、端坐呼吸、精神煩躁等症狀，應儘快就醫進行藥物治療[3]。如果急性發作已經導致心跳驟停，應當立即進行CPR救助。

急性喉炎目前已經不多見，而異物吸入是更為常見的導致大氣道梗阻的原因。患者雙手卡喉是窒息的標誌之一，其他表現還有無法說話、面色青紫等。如果氣道完全梗阻，在患者有意識的情況下，應立即採用哈姆立克急救法（Heimlich Maneuver）：站在患者身後，雙手握拳，置於胸骨劍突下方，向後向上用力，直至異物咳出。如患者意識喪失，應立即撥打急救電話，同時檢查呼吸、心跳。如呼吸、心跳停止，應該立即進行CPR。CPR的胸部按壓有可能會排出患者氣道中的異物[4]。

## 痙攣病人如何急救？

痙攣多為癲癇大發作的症狀。癲癇是腦部神經元高度同步化異常放電的結果，其原因可能由於腦部結構損傷，也有部分癲癇病因不明，可能與遺傳相關。因此癲癇大發作時也沒有什麼特殊的急救措施，保護患者不會因為抽搐而發生意外損傷即可。通常抽搐的發作時間不超過兩分鐘，之後可自行恢復[1]，但如果癲癇發作持續十分鐘以上，就不是普通的癲癇發作了，臨床上稱為「癲癇持續狀態」，需要儘快就醫，通過靜脈用藥終止發作。

在抽搐患者的保護方面，抽搐發作時應立即上前扶住病人，儘量讓其慢慢倒下，以免跌傷。不要試圖去防止舌頭被咬傷，因為這樣反而可能損傷牙齒。最好將病人頸部的衣著鬆開，在其頭下放一個枕頭，並讓病人保持側臥位，以防止分泌物等被誤吸入氣管[5]。

謠言粉碎。

在緊急情況發生時，及時呼救和撥打急救電話是第一要務。在等待急救車到來時，應檢查患者的意識情況及呼吸、心跳。如果呼吸心跳停止，立即進行CPR，這是最重要的急救方法。針刺急救不可取！切勿因此耽誤了寶貴的治療時間。

## 參|考|資|料


[1] (1, 2, 3)賈建平主編，神經病學，人民衛生出版社，2008。

[2] 2010 American Heart Association Guidelines for Cardiopulmonary Resuscitation and Emergency Cardiovascular Care.

[3] (1, 2)陸再英、鐘南山主編，內科學，人民衛生出版社，2008。

[4] Choking: First aid. Mayo Clinic.

[5] Beers M H 主編，薛純良主譯，默克診療手冊（第17版），人民衛生出版社，2006。

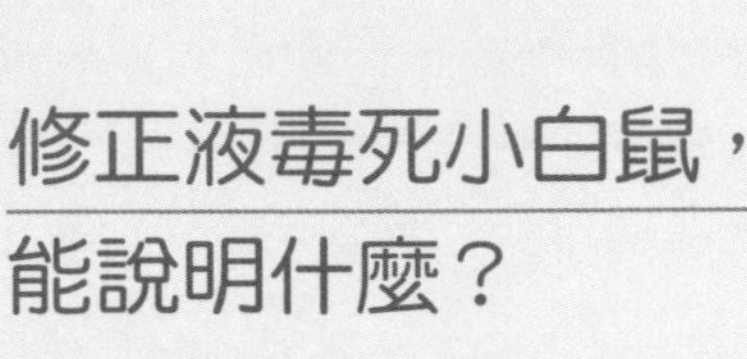

# 修正液毒死小白鼠，能說明什麼？

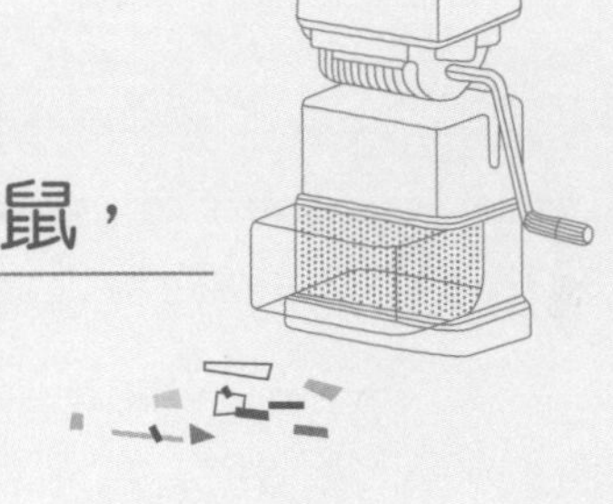

◎饅頭老妖

## Q

一段影片和相關的圖文報導曾在網上廣泛流傳：將兩隻小白鼠，分別放在一個玻璃瓶裡，其中一個瓶子裡倒入修正液，很快那個瓶裡的小白鼠就死亡了，而沒有加修正液的小白鼠還活得好好的。很多人對此評價道：沒想到修正液毒性這麼大，千萬不能給孩子用啊！隨後，又出現了這個實驗的升級版本：某媒體分別用三種不同牌子的修正液做了類似實驗，結果均是加了修正液的小白鼠在三分鐘左右全部死亡。

修正液裡有什麼成分？小白鼠為什麼被毒死了？修正液毒死了小白鼠意味著修正液真的不能用了嗎？

修正液裡的成分主要可以分為兩類，一類是固體的顏料鈦白粉（也就是修正液使用後覆蓋在紙上的白色部分），另一類是易揮發的液體的溶劑，主要溶劑有：三氯乙烷、甲基環己烷、環己烷等。這些物質聽上去也許很陌生，但絕大多數在市場上銷售的化學品，都會有一個商家提供的《物質安全資料表》（MSDS），其中就詳盡地介紹了這種物質的毒性和接觸限值（即人類接觸這種化學物品所允許的最高限量），網路搜索一下

**溶劑毒性對照表**

| 溶劑種類 | LC50（吸入） | 人接觸限值（美國） |
|---|---|---|
| 乙醇（酒精） | 2865mg/M$^3$/10h（小鼠）<br>37,620mg/ M$^3$/10h（大鼠） | 1,880mg/ M$^3$<br>（TLV-TWA） |
| 二氯甲烷 | 88,000mg/ M3/2h（大鼠） | 175mg/ M$^3$<br>（TLV-TWA） |
| 甲基環己烷 | 41.5g/ M3/2b（豚鼠） | 2,013mg/ M$^3$<br>（TLV-TWA） |
| 1,1,1- 三氯乙烷 | 97,920mg/ M3/4h（大鼠） | 1,910mg/ M$^3$<br>（TLV-TN） |
| 1,1,2- 三氯乙烷 | 10,920mg/ M3/4h（大鼠） | 9,590mg/ M$^3$<br>（TLV-TWA） |
| 乙酸乙酯 | 5,760mg/ M3/8b（大鼠） | 1,440mg/ M$^3$<br>（TLV-TWA） |
| 甲苯 | 20,003mg/ M3/8h（小鼠） | 754mg/ M$^3$<br>（TLV-TWA） |
| 對 - 二甲苯 | 19,747mg/ M3/4h（大鼠） | 434mg/ M$^3$<br>（TLV-TWA） |

即可查到，左圖即來源於這些網上公開的資料。（數值因國家、廠家不同而略有差異，但大體相當，左圖僅以美國為例。）

其中LC50的意義為「半致死濃度」，是說「在這個濃度下，實驗用的動物，有50%的概率死亡」，其數值越小，則毒性越大。LC50可以用來衡量一個物質的急性吸入毒性大小。

表格中的乙醇（酒精），是「修正液毒死小白鼠」實驗中沒有提到的溶劑（一般修正液中不含有乙醇，但乙醇是生活中人們比較容易接觸的有機溶劑，碘酒、髮膠、酒類飲料中都有），放在其中作為參考。可以看出，以LC50的標準衡量，對於小鼠（也就是這些實驗中用到的小白鼠），酒精的吸入毒性，比該文章中提到的幾種有機溶劑還要大得多；即便以大鼠（大鼠的體重是小鼠的十幾倍）作為研究物件，其毒性依然是處於同一個數量級的。換句話說，對於小鼠而言，修正液中的這些揮發性物質的吸入毒性，與乙醇沒有本質差別，有的甚至還比乙醇小得多。

## 為什麼小白鼠會死？

簡單地說，高劑量。

從「修正液毒死小白鼠」實驗的目標來看，或許將其歸類為毒理學上的「經呼吸道染毒的急性毒理學實驗」較為合理，即評價通過呼吸作用，吸入修正液揮發物質後是否會造成急性的損害結果。LC50在此類實驗中是個具有可操作性供人們參考的建議性數值。

我們能大致算下燒杯中的有機溶劑劑量是多少：按報導中介紹，14克（一瓶）修正液中，含有41%甲基環己烷（修正液中有機溶劑LC50值最大的物質，也就是急性吸入毒性最低的），即5.74克；因為不知道環境溫度，假設甲基環己烷只來得及揮發了1%（實際上，甲基環己烷揮發性較大，燒杯中含有的氣態甲基環己烷還遠不止1%），按500毫升容積計算，燒杯中的甲基環己烷的濃度為57.4毫克/500毫升，即114.8克/立方公尺，是上表中給出的豚鼠（以豚鼠測出來的LC50值通常比小鼠的還要高出數倍到十倍之多）LC50值（41.5克/立方公尺）的2.7倍，小鼠不閃電死亡才是怪事。

同時，對於試驗動物的急毒實驗，染毒的最大容積有個經驗性的標準，吸入式染毒法通常不超過2毫克/升，而該實驗的做法顯然遠遠超過了這個量，完全超出了小鼠的吸收、代謝能力。可以這樣理解：一隻小白鼠，體重通常不會超過30克，5.74克甲基環己烷如果全部揮發，則相當於其體重的1/6；這相當於把人類關在一個十立方公尺的半封閉空間中，再倒入15~20公斤甲基環己烷（即36~48公斤修正液）。即便考慮到毒理學實驗中「所用的劑量必須遠大於人體接觸劑量」的原則，這樣的劑量也實在是太誇張了。

另外，從實驗條件的角度來看，靜態吸入式染毒時，至少要有五公升的空間，才能讓一隻小鼠正常的呼吸一小時，否則其中的氧氣分壓逐漸下降，會對實驗結果造成影響（用玻璃板蓋上留縫的方法並不可靠）。同時，必須有專門裝置來盛放被測物質加以自然揮發。這兩個報導中，儘管在燒杯底部鋪了棉花，仍無法保證小鼠的皮膚不會直接接觸到修正液，即存在經皮吸收被測物質染毒的可能性，就失去了吸入式染毒實驗的意義。

## 修正液還能用嗎？

需要指出的是，LC50值只是一個參考數值，遠不如接觸限值（表格中最右兩欄）對於日常使用的指導有意義。理由很簡單，因為物種差異，哪怕再精密可信的毒理學實驗，也無法把在小鼠上得到的結果準確推衍到人類身上去。比如，上表中列出的酒精的LC50值，小鼠和大鼠的數據都有區別，更不用說齧齒類與靈長目之間巨大的差異了。按照奧爾森等人在1998年對131種化學物質的研究結果，動物毒性和人類毒性之間的相符率，齧齒類僅為6%，非齧齒類（犬和猴）為28%，加在一起也才36%。

正常使用修正液的方法，吸入的有機溶劑是達不到接觸限制的。一般而言，對於修正液中的有機溶劑，如果是長期的、頻繁的小劑量接觸，會導致皮膚紅腫、皴裂，大劑量吸入則會導致急性中毒，產生肺水腫、嘔吐等症狀，但這需要的劑量是遠遠超過修正液中的含量的。何況在實際生活中，人類並非頻繁的在密閉空間中接觸修正液，有機溶劑濃度更低，其影響應該更小。

當然，為了最大限度地避免傷害，使用這些有機溶劑時，最關鍵的一條就是不要用手直接去接觸它們，更不要剛塗上去就用鼻子去嗅聞。做到了這些，修正液也就沒什麼可怕的了。

謠言粉碎。

修正液中含有的有機溶劑有微弱的毒性，但在正確的使用情況下和常規接觸的劑量下並沒有那麼可怕。兒童的耐受能力弱，可以避免不必要的接觸。

## 參|考|資|料

[1] 莊志雄、王心如、周宗燦，毒理學實驗方法與技術（第二版），人民衛生出版社，2007。

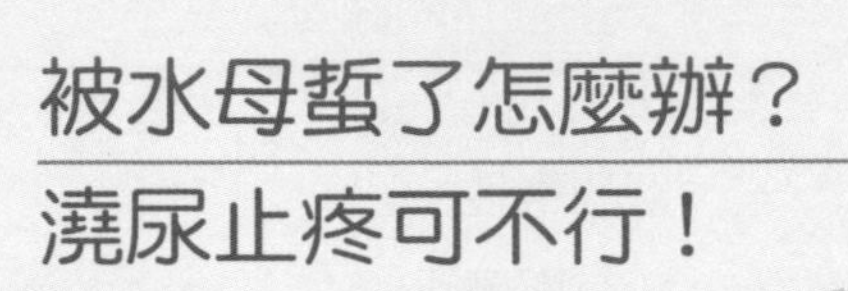

# 被水母螫了怎麼辦？澆尿止疼可不行！

◎linki

關於被水母螫到後的處理方法，民間流傳最廣的便是用尿液沖洗傷口，還有用清水沖洗，或者還沒處理傷口就馬上用冰塊敷上。在美劇《六人行》（Friends）第四季第一集中，莫妮卡在海邊被水母螫了，獲得的建議就是往傷口上撒尿。

在瞭解水母螫傷的處理方法前，我們先要瞭解水母帶來傷害的原理。很多人都見過水母，眾多吃貨對它們也不陌生。事實上，水母是多麼迷人的生物啊，嬌弱的身體和飄逸的觸手，簡直就是海洋裡曼妙的舞者。被我們稱為水母（Jelly fish）的動物通常屬於以下幾類[1]：

**水螅綱：**如僧帽水母，其又稱「葡萄牙戰艦」，屬於水螅綱下面的管水母目，它表面上看像單一的水母，實際上卻是水母體和水螅體組成的群落，而且個體之間聯繫緊密，不能獨立生存。

**缽水母綱：**被認為是「真正的」水母，其生活史主要階段是單體水母，水螅型不發達或消失。我們常見的大多數水母種類都屬於缽水母綱，例如現存世界上體型最大的水母——越前水母。

**立方水母綱：**又稱箱型水母，這一綱的種類中，最著名的當屬澳大利亞箱形水母（Chironex Fleckeri）了，俗稱「海黃蜂」。它被認為是最致命的水母，也是世界上毒性最強的生物之一，能在幾分鐘之內致人死亡。在威爾・史密斯（Will Smith）主演的電影《七生有幸》（Seven Pounds，2008）中，海黃蜂扮演了終極殺手的角色。

**珊瑚蟲綱：**即海葵和珊瑚，跟水母關係很近，但對人類只有很微弱的毒性。

當然，很多美麗的東西都是可遠觀不可褻玩的，許多水母也是如此。它們的觸手上佈滿了刺細胞，刺細胞內是含有刺絲的刺絲囊。在碰到物體時，刺絲囊內的壓力促使刺絲散開，刺細胞會如同飛鏢一樣彈出，並注入毒液。

## 水母螫傷後怎麼辦？

當裸露的肢體碰到水母觸手時，有時候會有數以千計的刺細胞附著到皮膚上，但並不是所有的刺細胞都會「發射」毒液[2]。刺細胞中的毒液如同化學物質的「雞尾酒」，是水母麻痺和殺死獵物的終極武器。不過對人類來說，大部分水母的螫傷並不致命，一般會造成疼痛和皮疹，嚴重時會造成發燒和肌肉痙攣。伊魯坎吉水母（一種指甲蓋大小的箱型水母，能引發嚴重的「伊魯坎吉綜合症」）或澳大利亞箱形水母，你就需要及時的醫療救助。箱型水母可以在幾分鐘內置人於死地，只有抗毒藥物才能救命。

當然，即使是一般的水母螫傷，如果傷口面積較大（超過手臂或大腿面積一半以上），或者是螫到面部、生殖器等敏感部位，最好也是馬上尋求緊急醫療救助。在其他情況中，要隨時注意異常症狀的出現，如呼吸困難、胸部疼痛、吞咽困難、聲音改變、失去意識、咽喉腫痛、暈眩、心跳異常、突然無力、噁心、肌肉痙攣等。如果發生這些反應，應馬上送醫急救。

## 水母螫傷後的自救

送不送醫急救取決於水母螫傷的嚴重程度、範圍，以及水母的種類。那麼，我們可以做些什麼來自救呢？

**1. 去除觸手。**

首先，如果水母的觸手依然掛在皮膚上，你可以試著將其弄下來，或者想辦法使其失去活性——做這些的時候要保證傷者不要亂動。脫離母體的觸手能夠繼續釋放刺細胞，因此最好先把皮膚上的殘餘觸手清除掉，再處理傷口，否則有可能在處理傷口的時候，觸手受到擠壓或刺激會將更多的刺細胞射出。

有條件的話，戴上手套來移除觸手，或者使用厚的衣服、鑷子、小木棍等，輕輕地將水母觸手從皮膚上分離。基本的原則是：不能用皮膚直接接觸水母的觸手，並最低程度減少觸手在傷者皮膚上的移動。此外，觸手中的刺細胞也可能留在手套或是用來移除的物體上，因此弄完之後一定要記得將這些東西處理掉，以防傷害到自己或其他人。

**2. 一定要用海水沖洗。**

接下來用海水沖洗蜇傷的部位，以抑制皮膚上未發射的刺細胞的活性。一定要記住用淡水則有相反的效果。任何改變刺細胞內外溶液鹽濃度平衡的舉動，都可能刺激刺絲囊的射出，並釋放更多的毒液，這可能是建議用尿液沖洗的原因——尿液中含有鹽分和電解質。但大多數人的尿液鹽度都比海水小不少，用鹽度太低的尿液沖洗，會造成與用淡水清洗一樣的後果。所以忘掉莫妮卡和錢德吧，相信他們的方法只能讓情況變得更糟。

要抑制刺細胞的活性，用醋沖洗也是個好方法。有條件的話，可用醋或醋酸（推薦濃度為5%[3]）沖洗傷口30秒以上，或將蜇傷部位浸泡在醋中30分鐘。醋的酸性能中和刺細胞毒素中的某些蛋白質，抑制尚未彈出的刺細胞。當然，不同水母的毒素並不一樣，因此醋也不是每次都能奏效。比如被僧帽水母蜇到，醋就派不上用場了，甚至可能使傷勢惡化。這時候可以用小蘇打和海水（至少是鹽水，千萬不能用淡水——或者尿）配成混合物，然後塗抹在蜇傷部位。如果沒有小蘇打，用海水沖洗也可以，但效果沒有那麼好。

如果不幸被蜇到的地方是眼睛的話，就不能用醋了，而要用如人工淚液之類的鹽溶液徹底清洗眼睛。如果是口腔內被蜇到，可以將醋和水以1：3的比例配成溶液，然後多次漱口，但千萬別吞下去！

**3. 刮掉刺細胞。**有辦法的話，還可以用小刀或者剃鬚刀、卡片之類的東西，溫柔地分離掉皮膚上的刺細胞。在刮刺細胞之前用刮鬍泡或者肥皂泡沫進行塗抹效果會更好。刮掉刺細胞之後，重新用醋或鹽水溶液塗抹，或者用海水沖洗。最後讓蜇傷部位自然乾燥，皮膚部位的刺痛感，可以服用止痛藥，例如acetaminophen來止痛，癢的部分，則可以口服抗組織胺來止癢。但是若同時出現其他嚴重的症狀，病人可能需要住院以點滴方式給予藥物。尤其若有呼吸困難、吞嚥困難或是胸痛的情形，或是若被螫傷的範圍很大、在臉上或生殖器附近，還是建議儘速送醫治療，較為妥當。[4]

後續的處理中，需要每天清洗開放的創口，並塗抹抗生素軟膏以防止細菌感染。大多數水母蜇傷的疼痛感在處理之後十分鐘內開始消退，基本上24小時內會消除。一定要確保完全移除刺細胞。可以使用冰袋來止痛並抑制腫脹。

需要提醒的是，即使是已經死掉的水母，其觸手也會射出刺細胞，因此不要隨意玩弄被沖到海灘上的水母。

謠言粉碎。

在治療上，清水和尿液都是不行的，而就近可以獲得的海水則有效得多。醋和小蘇打都可以用來中和水母刺細胞的毒液，但要根據水母的種類，以及螫傷的部位來選擇處理的方法。當然，最關鍵的一點是，首先不讓情況惡化，然後及時地尋求醫療救助。

## 參|考|資|料


[1] Medicinenet. Jellyfish Sting Treatment.

[2] How Jellyfish Work? Howstuffworks.

[3] Ciara Curtin. Fact or Fiction? Urinating on a Jellyfish Sting is an Effective Treatment. Scientific American. 2007.

[4] 臺灣皮膚科醫學會：皮膚專家健康網。

## 作者名錄

全春天 / 口腔醫師，在職博士生
dodo兔 / 口腔專業博士
桃之 / 生態學碩士
firsilence / 化學碩士
lalunasun / 化學專業
張若劍 / 生態學碩士
林竹蕭蕭 / 外科學博士
Helixsun / 生物工程碩士
綿羊c / 細胞生物學碩士，現從事醫藥研發
老貓 / 分子生物學博士
溯鷹 / 構造地質學研究生
蘇木七 / 腫瘤基因組學博士生
瑞可 / 化妝品研發工程師，真魅博客創始人
簫汲 / 神經胃腸病學博士生
Shiu / 醫學博士
JUNEO / 醫學博士生
snowjade / 免疫學博士
窗敲雨 / 藥學碩士
和諧大巴 / 臨床醫學博士生
薄三郎 / 醫學博士
白鳥 / 環境科學博士
月月 / 食品科學碩士
copperpea / 水質工程師
小耿 / 神經生物學碩士
Albert_JIAO / 電子工程專業博士生
沐右 / 物理學博士
政委祖爾阿巴 / 臨床醫學專業
念經的抖s / 皮膚美容科醫生，醫學碩士
冷月如霜 / 植物細胞生物學博士生
貓羯座 / 流行病學碩士生
_whyCD / 無機非金屬材料工程專業
風飛雪 / 植物分子生物學博士生
冀連梅 / 北京和睦家康復醫院藥房主任
遊識猷 / 遺傳學碩士
charibe / 臨床醫學博士生
cobblest / 心理學博士生
冷月如霜 / 植物細胞生物學博士生
大侖丁 / 心臟內科醫師
Ent / 演化生物學博士生
饅頭老妖 / 有機化學博士
linki / 海洋生物學碩士

## 工作人員名錄

陳旻、李飄、宮玨、耿志濤、袁新婷
謝默超、龔迪陽、支倩、曹醒春

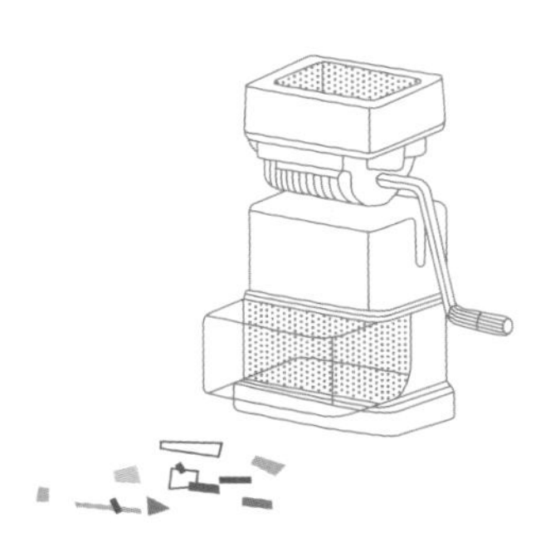

國家圖書館出版品預行編目（CIP）資料

謠言粉碎機：危言聳聽,身體請注意! / 果殼網著. -- 初版. -- 臺北市：九韵文化；信實文化行銷, 2016.07

面；　公分. --（What's Look）

ISBN 978-986-93127-4-5（平裝）

1. 家庭醫學　2. 保健常識

429　　105009661

# What's Look
# 謠言粉碎機：危言聳聽，身體請注意！

作　　者　果殼網 Guokr.com
封面設計　黃聖文
總 編 輯　許汝紘
美術編輯　楊詠棠
編　　輯　黃淑芬
發　　行　許麗雪
執行企劃　劉文賢
總　　監　黃可家
出　　版　信實文化行銷有限公司
地　　址　台北市松山區南京東路5段64號8樓之1
電　　話　（02）2749-1282
傳　　真　（02）3393-0564
網　　址　www.cultuspeak.com
讀者信箱　service@cultuspeak.com
劃撥帳號　50040687 信實文化行銷有限公司

印　　刷　上海印刷廠股份有限公司

總 經 銷　聯合發行股份有限公司
地　　址　新北市新店區寶橋路235巷6弄6號2樓
電　　話　（022917-8022

香港總經銷　聯合出版有限公司
地　　址　香港北角英皇道75-83號聯合出版大廈26樓
電　　話　（852）2503-2111

本書原出版者為：清華大學出版社。中文簡體原書名為：《谣言粉碎机：危言出没，身体请注意！》版權代理：中圖公司版權部。本書由中信出版集團股份有限公司授權信實文化行銷有限公司在臺灣地區獨家發行。

2016 年 7 月 初版
定價：新台幣350元